U0333963

年画里的二十四节气

段志涛 编著

Twenty-Four Solar Terms: Seasonal Art in Yangliuqing New Year Prints

天津出版传媒集团
天津杨柳青画社
天津古籍出版社

图书在版编目（CIP）数据

年画里的二十四节气 / 段志涛编著. -- 天津 : 天津杨柳青画社 : 天津古籍出版社, 2024. 12. -- ISBN 978-7-5547-1344-0

Ⅰ. P462-49

中国国家版本馆CIP数据核字第2024QG1478号

年画里的二十四节气

NIANHUA LI DE ER SHI SI JIEQI

段志涛 编著

策　　划 刘 岳
责任编辑 田 瑾 金 达
责任校对 杨子辰 韩冬冰
装帧设计 钱 杭
图像处理 吴丹丹
封面题字 石 玉

出版发行 天津杨柳青画社
天津古籍出版社
印　　制 雅迪云印（天津）科技有限公司
经　　销 新华书店
版　　次 2024年12月第1版 2024年12月第1次印刷
开　　本 710毫米×1000毫米 1/16
印　　张 12.5
字　　数 185千字
定　　价 128.00元

赏画知时

李治邦

拜读段志涛撰写的《年画里的二十四节气》，有一种二十四节气扑面而来的感觉，清新隽永。杨柳青年画作为中国传统文化的代表之一已经走向世界，其产生的巨大影响是不言而喻的。在脍炙人口的杨柳青年画中寻找二十四节气，这本身就是一种别样的创意。有着四百多年历史的杨柳青年画与时俱进传承至今，反映着历史的每一步推进，其中包含着社会发展、文化背景、生产生活、民俗风情等等。说到生产生活和民俗风情，我们会联想到时令和气象。古人随二十四节气因时而动、生息劳作，杨柳青年画对此有充分展现。年画不是单存在于春节，而是贯穿全年。这一点，恰恰是一直以来被忽略的。将杨柳青年画的具象画面与二十四节气的农耕智慧建立联系，以二十四节气的角度重新探索并发现年画的美，段志涛紧紧抓住了这一点，灵动的画面搭配唯美的文字，深厚的文化积淀，对应的格局观照，形成了图文并茂的独特阅读美感。

“二十四节气”2016 年被联合国教科文组织列入人类非物质文化遗产代表作名录，杨柳青年画在 2006 年入选第一批国家级非物质文化遗产名录。《年画里的二十四节气》将二者紧密结合在一起，以全新的角度探索时令年画与二十四节气之间的联系，以杨柳青年画图像和物候互相对照，挖掘其中丰富的人文内涵。

民间画诀讲究“三知”，即知人、知物、知时，这是说画面的内容要贴合人物身份、反映物象特点、符合季节时令。年画的内容安排一定要符合常理，于是往往即便未曾明说，也提供了季节时令线索，等着有心人去抽丝剥茧、探索发现。段志涛笔下描绘的年画《春闲对弈图》相较于很多年画赏析，更带有女性细腻的观感：“她们面色温柔，眉眼含笑，丝毫不见冥思苦想的神情。”一边写画，一边把目光投向角落的盆栽花卉，花大娇美恰如牡丹国色，红粉妍丽又似月季芬芳，如此花期守信，谷雨有约。于是，段志涛这样描述谷雨：“轻轻打湿衣襟的杏花春雨，温润着春天最后的情怀。百谷得雨而生，雨泽万物，滋养生灵。”文字阐释年画，轻灵且诗意。另一幅年画《花仙上寿图》描绘了花朝节这一天，众花仙来到九重天朝见玉帝的奇幻景象。花朝节是中国百花的生日，一般在农历二月，具体日期虽然说法不一，却常常恰逢惊蛰节气。画面之中，众花仙乘坐蕉叶小舟，手中各持自己司掌的花朵。如此美丽的年画，让我们重新拾起了那份遗失在悠长岁月里的专属浪漫。段志涛将文字之韵和绘画之美有机融合在一起，年画与二十四节气相得益彰。

从杨柳青年画中挑选与二十四节气相适配的画面，角度新颖，独具匠心。从四季到节气，对画面的探索与联想、猜测与佐证、推翻与肯定，

打开了认知的新局面。二十四节气周而复始，节气与物候交织，年画与节气相对，大体相似，不尽相同。某个节气来得或早或晚，也未必精准。大千世界运转的规律或许本就难以参透，那又何妨以豁达自然的心态透过年画去探索时间的奥秘、感悟节气的智慧呢？

书中的年画编排以时令为线索，展现古人生产劳作、节日庆祝、消闲娱乐等场景，展现人们对自然的感知、对生活的经营和对丰收的期盼。段志涛以文字升腾起更为烂漫的艺术联想，实乃锦上添花。

应该说，《年画里的二十四节气》以图像的方式记录了一个时代、一个阶段曾发生的最真最美的生活场景。这本书的每一幅图片、每一段文字，都让人沉浸在二十四节气与杨柳青年画的历史厚重中。从古至今热爱生活的人们，与作者和读者一起，体味春生夏长、秋收冬藏。段志涛以温暖柔软的笔触，娓娓道来年画里的二十四节气，用艺术的灵感去触摸她对生活的热爱和对美的感悟。这里没有科学论述的严肃与刻板，有的只是色彩与线条交织的梦幻，是画面背后情感与想象的流淌。它如同春日里的微风，轻轻拂过心灵，让我们沉浸在幸福的世界里。《年画里的二十四节气》，以热爱去传递热爱，用感悟来唤起感悟，留住乡愁，赓续文脉，推动中华文化更好地走向世界。

Rediscovering The Solar Terms Through New Year Prints

Reading through Miss Duan Zhitao's "Twenty-Four Solar Terms: Seasonal Art in Yangliuqing New Year Prints", couldn't help making me feel like all of the solar terms have sprung to life, refreshing and enduring. Yangliuqing Woodblock New Year Prints, a symbol of traditional Chinese culture, has gained worldwide recognition, and its profound influence is indisputable. Poring over those widely acclaimed woodblock prints to find subjects of solar terms is such a creative idea. In the backdrop of four hundred years of history, Yangliuqing Woodblock New Year Prints has always been evolving with time while being inherited to date, mirroring every advancement in history, including social developments, culture background, life and work, folk and custom, and so on. When considering daily life and folk customs, people naturally associate them with the seasons and weather. Chinese ancestors took action around twenty-four solar terms, such as working or resting, which are fully illustrated in the prints. The woodblock New Year prints not only showed up during the spring festival, but also went through the full year, which was usually away from the public's attention. Establishing a connection between the tangible visual art in the prints and agricultural technology and cultivation skills derived from the solar terms, Miss Duan rediscovers the hidden beauty inside of the woodblock prints through the lens of solar terms. She captures this narrative with vivid, life-like images, complemented by beautiful language that reflects her deep cultural knowledge and perceptive insights, making this pictorial book both unique and delightful to read.

In 2016, twenty-four solar terms were listed as an "intangible cultural heritage" (ICH) by The United Nations Educational, Scientific and Cultural Organization (UNESCO). Yangliuqing Woodblock New Year Prints was also the first art form considered as a national "intangible cultural heritage" (ICH) in China in 2006. This book tightly weaves them together to explore the links between the woodblock New Year Prints and the solar terms from a whole new perspective. Shedding light on the matchup between pictures of life scenes from the prints and seasonal changes of climate unveil the enormous richness of culture underneath.

There are three key elements in all of the folk-art prints: person, object and season. The subject of a painting should match the character's identity, reflect the object's characteristics, and align with the season. Their arrangement should also follow common sense and offer a seasonal clue, even if not occasionally obvious, to allow the careful viewer to scrutinize, to explore, and to discover. Compared to many of the other interpretations, Miss Duan's description of the print "Playing Chinese Chess During Spring Break" shows more of a feminine sensitivity: The women's gentle complexion is matched by her smiling eyes, with no hint of deep thought in her expression. At the moment, she is also drawing a picture while laying her eye on the pot of flower in the corner. Giant flower and showy pattern look like tree peony while in gorgeous reddish color with a scent like rose's fragrance. The blossoms season started as promised, as if going on a date with "Grain Rain", a solar term in mid-spring. Miss Duan later describes "Grain Rain" such as: "the rain in the spring lightly moistened traveler's clothing and enlightened someone's last sentimental feeling of the season. Every plant survived, thanks to rain, which in turn waters everything and nourishes all creatures." Her interpretation, when paired with the woodblock prints, is lighthearted yet poetic. The "Flower Fairies Celebrating Jade Emperor's

Birthday" print depicts another fascinating scene: on the day of Flower Festival, all flower fairies came to Heaven Nine to pay respect to Jade Emperor. The Flower festival is the birthday of all flowers in China, typically in February in the lunar calendar. Although the exact date varies according to different versions, it all coincidentally occurred during the solar term: the Waking of Insect. In the center of the print all fairies ride in a banana tree leaf-shaped boat, each carrying their own governed flower. Such a charming print would help us recollect the long lost romance that once belonged to ourselves. Miss Duan's rhythm of writing is well blended with the artistry of the prints, rendering woodblock New Year prints and twenty-four solar terms complementing each other splendidly.

The selection of the best scene of human life from the woodblock prints to make a perfect match with every solar term is an act of art, full of creativity and ingenuity. From four seasons to a variety of climate, the scrutiny of every picture in a process from discovery to imagination, doubt to verification, contradiction to confirmation, helps the reader broaden a new scope of knowledge. Twenty-four solar terms alternate, repeat, and intertwine with seasonal climates. The woodblock prints track every solar term to more or less extent, while not quite precisely. Each solar term may start and end earlier or later, might not be completely punctual as well. The order of the universe might be hard to be perceived in nature, wouldn’t be wise in a relaxed and laid-back manner, to explore the magic of time and to appreciate the intelligence of solar terms through the pigments in the woodblock prints?

The appearance of pictures inside the book chronicles seasonal changes, showcasing various scenes of Chinese ancestors laboring and working,

celebrating holiday, relaxing and entertaining and so on, reflecting people's sensibility to nature, and their attitude towards daily routine and an expectation to harvest. Miss Duan's beautiful language transcends the storytelling beyond romantic and artistic imagination, like icing on the cake.

Undoubtedly, through the woodblock prints, this book records the most life-like and mesmerizing scenes that once took place during an era in history. Every picture and paragraph indulge the reader with the richness of history behind the solar terms and the artistry of Yangliuqing Woodblock New Year Prints. From ancient to modern times, for every Chinese with teeming life, joined with the author and readers, we would greatly appreciate such a sensation as "Seed in spring and grow in summer, harvest in fall and store in winter". With her heart-warming and gentle language, Miss Duan narrated a story of twenty-four solar terms hidden inside of the woodblock New Year Prints, assisted with her artistic inspiration to brace for the affection of life and the perception of aesthetics. Nowhere can we find the dry and dreary explanation in science, instead a fantasy land brimming with colors and lines blended harmoniously and emotional imagination far beyond. As if a spring breeze gently touches your heart and make us all fall into this satisfying world. This book attempts to convey caring with love, to inspire sense with sensibility, to retain the memory of a country root and to restore the bloodline of literature, thus promoting Chinese culture better to the world.

Li Xiaojie

目 录

Contents

春 Spring

夏 Summer

秋 Autumn

冬 Winter

鸟语花香
万物生长

立春·风从东方来

立春，四季之始，一年的美好纷至沓来。“立”有急促、精确的感觉，使人精神为之一振。此时盛德在木，万物复苏，生机萌动，虽在冷空气中，却能感受到春木之气徐来。“律回岁晚冰霜少，春到人间草木知”。白日渐长，阳光也温暖了许多，只是春色尚浅，只见星星点点的绿意。云气漠漠，天色半晴，春寒依旧料峭。

早在周代，每逢立春，天子都会率群臣到东郊，举行迎春仪式和盛大的

庆赏元宵
Celebrating the Lantern Festival

祭祀活动，汉代以立春日作为春节。新春伊始，恰逢正月十五元宵节，古人也称上元节、灯节。“元宵”一词始见于唐诗“元宵清景亚元正”。元宵节的形成源于民间开灯祈福的古俗，兴起与佛教东传有关。《无量寿经》有“无量火焰，照耀无极”之开示。在佛教教义中，灯一直是作为佛前的供具，将“点灯之人”喻为发菩提心、精进佛法且照亮和引领众生获得大智慧的人。

在古代民间，元宵节是一个充满浪漫色彩的节日。平日里深居简出、待字闺中的少女可以在这天傍晚出门赏灯。“去年元夜时，花市灯如昼。月上柳梢头，人约黄昏后。”青年男女或欣喜邂逅，或约定佳期，彼此传情达意，是中国人真正的情人节。夜幕降临，人们赏花灯、吃元宵、猜灯谜、放烟花，处处充盈着喜悦与富足。

天津城西杨柳青，因植柳茂盛而得名。杨柳青地处漕运枢纽，水路交绕，民风淳朴，木版年画应运而生。杨柳青年画始于明代中晚期，清代早期发展完善，清中后期达到鼎盛。黄金时期，当地画店字号林立，以杨柳青镇为中心辐射周边，一度形成“家家会点染、户户善丹青”的盛况。杨柳青年画印绘结合，既保留了木版印制的版味，又兼有手工彩绘的细腻，明艳精致，栩栩如生。杨柳青年画题材广泛，崇德向善，气蕴祥和，雅俗共赏，为百姓的生活增添了明亮欢快的色彩。

年画《庆赏元宵》构图饱满，人物生动。建筑是典型的北方风格，飞檐翘角，下有连廊，庭院错落有致，令人如游画中，展现了富贵人家在后庭院落中庆赏元宵佳节的欢乐一幕。画面中雕梁高挂明角宫灯，彩画游廊，花灯明亮，映照出人物的神情姿态各不相同。图前梅树旁的妇人梳盘头戴兜勒（抹额），长袄阔裤，手牵着一个头戴红风帽、身穿绿衣粉裤装扮的孩子，孩子一只手拉着母亲仿佛急切地要加入前方热闹的场景，另一只手举着一个红色金鱼花灯，瞬间引活了画面。庭中有一组吹打器乐合奏的家庭乐队，其中一戴皮帽、穿皮袍、手打单皮小鼓的男子正是这支乐队的指挥。男子旁边的几个乐队成员各司其职，有击铙钹的，有敲手锣的，有打京钹的，有敲大锣的，身后还有一个男子高举唢呐用力吹奏。他们的神情生动，身形动作各不相同，似乎正在用眼神转达着彼此配合的满意和喜悦，一齐奏乐成章。松树下，一位梳盘头、簪时花身的女子坐在圆凳上，怀中抱着一个戴着虎头暖帽、穿红衣的幼儿，好像是在教宝宝学打堂鼓。庭院中演奏出阖家欢乐的幸福乐章。画廊下，一个身着黄马褂、头戴红暖帽的儿童，神情专注地在用双手推着一个“捻捻转”（寓意“年年转”），体验着独自游戏的乐趣。游廊中头挽双髻（俗称“蚌珠”头）的少女俏立一旁，笑靥如花，注视着庭院中的热闹喧哗。她手挈身边的幼儿，那孩子头戴红顶青缎瓜皮帽、绿裤粉衣，越发衬得他面如春雪、粉嫩可爱。这两人的出现多了一层景深，增添了画面的立体感。雕格花窗内，一位母亲正在温柔地对着孩子低语，母子俩是喧闹中一抹安静的风景。荷红色铺陈了画面一角的色彩，帘栊、窗纱，那一树的梅花……画面

太平春
Spring in Peace

上方有晚清著名年画画师高荫章的题诗："金吾不禁逐年新，鼓吹升平共闹春。最好家家饶乐趣，买灯三日更欢欣。"蓝色的天空下，湖石挺拔，似在应答。

沽上赏灯的风俗由来已久，每逢元宵佳节，津城百姓家家张灯，户户悬彩，挂起各种寓意吉祥的灯笼。清人张焘在《津门杂记》中记载："津地俗尚奢华，元旦至元宵，城厢内外，擎灯出售者密如繁星，十色五光，镂金错采。居家铺户，自十三日起，至十七日止，张灯五日，银花火树，如游不夜之城；锣鼓喧天，共庆升平之乐。"《太平春》图中一松枝扎搭的牌楼，下悬一福寿双全的彩灯及明角花灯作装饰，上横"太平春"匾额，昭示着太平春色。夜幕降临，人们纷纷走出家门，妇女和孩童是这夜晚的嘉宾。牌楼前四个女

共和新年

Celebrating Chinese New Year

艺人，手中各举着一面太平鼓，以求“太平”之意。鼓的形状有圆有角，敲打有声，鼓面绘有四季花卉，色彩明丽。两侧厅轩内外的檐下明灯高悬，一家人齐出门来观赏太平鼓舞。女子们温柔浅笑，衣衫花纹锦绣，质感丰富。孩子们在一处嬉戏，他们手提各式各样的花灯，如金鳌灯、西瓜灯、萝卜灯、白菜灯、知了灯等，令人目不暇接。杨柳青竹枝词描写道：“年俗文化九州同，正月十五逛花灯。最喜儿童戴花帽，蹒跚学步提灯笼。”秋千上那个红衣衫、明黄裤子的小男孩翘起一只脚，向身后两个等着玩耍的小伙伴炫耀，全无视他们的心急等待，一副“强者为尊应让我”的骄傲神态，可气又可爱！画中左边亭中的女子正在微笑着欣赏自己手中硕大的金鱼花灯，恰和右边门内女子手中大朵的石榴花灯互为应和。女子的衣衫色彩柔和淡雅，儿童的则是明亮热烈。远处两位妇人偕三个儿童步桥而来。这一刻灯烛闪耀，清夜生辉，太平春色映红了夜空。

《共和新年》描绘的元宵节有着“恭贺新年”的意义，在人们平静的神色中依然可以看出内心的愉悦，对新年的憧憬和期望。图中人家大门敞开，门上左右各贴一张手书“福”字与纳吉春联。父母带着孩子准备出门到集市上赏灯，一家人各自拿着花灯，忙碌中亦有喜色。中门前头戴皮帽的男子一手高举一根藤棍，一手拿着一面太平鼓，鼓面上有“天下太平”四个字，男子正在和身边的孩子高兴地说着什么。不远处一位体貌神态颇似一家之主的中年男子左手举着长长的烟管，右手提着一盏花灯，微笑地看着眼前两小儿玩耍。画面的左边，男孩子双手举着大鱼灯，笑眯眯地看向身边的仆妇，右边的妇人衣着华丽，耐心地哄着怀中咿呀学语的幼儿。如此构图充分体现了传统美学中的平衡之美。堂屋内一位湖绿外衫、银白长裙的仕女神色温柔，静静地看着院中的一切，她轻挑帘栊的动感画面照应了整体的和谐。

正月十五龙灯舞，龙是华夏文明的图腾，本土神话中主管行云布雨的神兽。传说龙能升能隐，或飞腾于九天之上，或幽藏于碧渊之底。“耍龙灯”是汉族传统民俗，场面壮观，热闹非凡，人们祈求新的一年风调雨顺、五谷

过大年戏龙灯
Dragon Dancing

丰登。据宋代吴自牧《梦粱录》记载："元宵之夜，以草缚成龙，用青幕遮草上，密置灯烛万盏，望之婉蜒如双龙飞走之状。"《过大年戏龙灯》画前的四个男孩分别手举着鱼、虾、蟹和一个宝珠，呈现出"二龙戏珠"。在锣、鼓、唢呐等乐器伴奏下，两条龙身不断蜿蜒变化，龙头跟随着龙珠翻飞舞动，时而仰首，时而俯身，腾跃起伏，振奋人心，将火热的节日气氛推向高潮。

立春这一天，民间有祭神、咬春、打春等趣味习俗。迎句芒神在古代是非常重要的立春仪式。句芒，中国古代民间神话中的木神。《山海经·海外东经》记载"东方句芒，鸟身人面，乘两龙"，句芒是主宰草木以及各种生命生长和农业生产之神，也称作"春神"。迎神时多举行大班鼓吹、抬阁、地戏、秧歌等一系列活动。这幅杨柳青年画《春牛图》别出心裁地让"句芒神"化身为一个小牧童，吉祥喜庆。他身着佛青色的衣衫，袖口裤脚配有绿色的纹样，散发着春日的草木气息。传说他身高三尺六寸，象征一年的三百六十日；手执的柳鞭长二尺四寸，代表一年有二十四个节气。如果他高束裤管没有穿鞋，预示该年多雨水；反之则干旱，农民要作好抗旱蓄水的安排。如画中所示一只光脚一只穿草鞋，预示着一年风调雨顺的好年景，寓意国泰民安。

立春承载着初生的使命，带来大地上崭新的一切。年画《春光明媚 万象更新》场面宏大，热闹非凡。妇女和儿童充满了画面，象征了生命的传承。正中端坐的女人慈祥庄严仿佛神祇一般，犹如大地之母守护着所有的希望。堂上的大象取意万象更新，欣欣向荣。

早春是微微的暖意，是生机的味道。一夜东风起，万山春色归。华夏民族文化风雅、历史悠久，山河多姿、民俗多貌。冬去春又来，是生机，是情怀，是人们祈求安康、富足、丰饶、兴旺的美好祝愿！

春牛图

Spring Ox

春光明媚　万象更新

Nice Spring Scenery and New Beginning

春光明媚
天津楊柳青畫店
李長江重刻

立春手记

雨水·润物细无声

雨水是反映降水现象的节气，汉代曾将它定为二月节。最清新的早春如约而至，这一天开始，从天而降的不再是霜雪而是雨水。尽管仍有丝丝寒意，空气的湿润却令人欣喜。

农耕社会的漫长岁月，土地成为人们最殷切的希望，期待春天的播种带来秋天的收获。“南湿北冷两交锋，乍暖还寒斗雨风。一夜返青千里麦，万山润遍动无声。”仿佛展开了一幅画卷。新年的第一场春雨尤为珍贵，俗语说，“春雨贵如油”。是否能多遇见几场春雨，将决定一年的收成。为了彰显春

春耕畿田

Spring Cultivation

播的意义重大，播种之前，要先耕耘土地，称为“春耕”。《说文解字》解释：“畿，天子千里地，以逮近言之，则言畿也。”于是把京郊附近的土地称为“畿田”。在古代，每年的春耕季节，皇帝都要选择一个良辰吉日，亲自耕田。《春耕畿田》描绘了皇帝带领群臣在畿田春耕的场景。画师将人物以戏曲的服饰妆容表现，一个穿着茄花色官衣、头戴团翅纱帽的京官，手牵着缰绳，扭头牵引着一头黄牛拉犁。牛身后的皇帝戴着红色的披风王帽，一手扶着犁，一手捻着须，做出犁田耕土的样子。紧随皇帝身后的是两名粉面宫监，其中一位身穿绿色紧袖袍、戴着内侍的帽子，手持一柄拂尘；另一位则是粉色紧袖袍，显得脸色更加粉白，手擎一个曲颈黄龙伞盖。一辆华盖黄帷帝车龙辇

宝马驼（驮）来千倍利

Precious Horses Bringing a Thousandfold Profit

停在他们的身边。画面中间黑髯垂胸、头戴如意翅天官帽、身穿银白色袍带、足蹬黑色朝靴的是官居一品的当朝太师，他一改往日威严的形象，腕间跨着一个柳条编的水斗在撒麦种，竟有些俏皮可爱，衬托出身后紫色官衣的顺天府尹多少有些呆萌。不远处的皇后头戴凤冠，红衣素裙，披帛绕身，伫立在河边静静观望，左右宫娥手捧漆盒，持团风障扇侍立两旁，桥上另有一名宫女肩挑竹担送饭而来。值得一提的是皇帝身后有一只大象，《瑞应图》解释："白象，王者政教行于四方，则白象至；王者自养有道，则白象贺不死药来。"《论衡》记载："传舜葬于苍梧，象为之耕。"可见象随君王是祥瑞征兆。春雨秉受于自然，以灵性泽生万物，朦朦绿色一片生机。整幅画作生动祥和，

钱龙引进四方财

Wealthy Dragons Attracting Fortunes from All Directions

祈盼百姓丰衣足食，向往风调雨顺、国泰民安。

农历二月初二是中国传统节日，相传是轩辕黄帝出生的日子。明清时期称这一天为“龙抬头”，民间有农谚“二月二龙抬头，大仓满小仓流”。在天津，旧时有“二月二接引钱龙”的地方风俗。清乾隆年间的《天津县志》最早记载此事“……初二日，以灰末引青龙至门外通水处，复以谷糠末引黄龙至家，名日引钱龙。”《津门杂谈》中描述家家户户在二月二这天清晨要举行引龙仪式，用小灰或黄土，由家里延续引展到河边，然后再引回家来，如是往返各引龙一条表示把懒龙引出去，把勤龙引回来。水寓意财，希望引入家来。请求神龙兴云布雨，祈愿人畜兴旺，农业丰收。钱龙作为金钱的代表是财富的象征，常出现在杨柳青年画中，其造型保留了龙头、龙爪、龙尾的样貌，龙身则由成串的铜钱替代。创作构思精巧，围绕人们“宝马驮来千倍利，钱龙引进四方财”的财富愿望，呈现出“钱龙引进”的寓意，常常与“宝马驮财”成对出现在画面中。波浪起伏的水面上，娃娃怀抱大金鱼，背上的宝马、钱龙左右呼应，预兆富足。从杨柳青年画《钱龙引进四方财》中，我们能感受到民间习俗中那凝结的意义。画中玉引钱龙，宝马驼财，利市仙官，童子送福。厅台四角均以铜钱纹样装饰，檐下两边垂下的黄色钱样非常醒目，聚宝厅内的聚宝盆与阶下宝马钱龙中间的聚宝盆相映成辉，真是金玉满堂，不禁赞叹画师丰富惊人的想象力。

春水初生，春林初盛，雨水昭示着生机和希望，滋养万物的同时也滴落在每个人的心上。“好雨知时节，当春乃发生。随风潜入夜，润物细无声。”在礼敬和期许中，祈愿吉祥与安康！

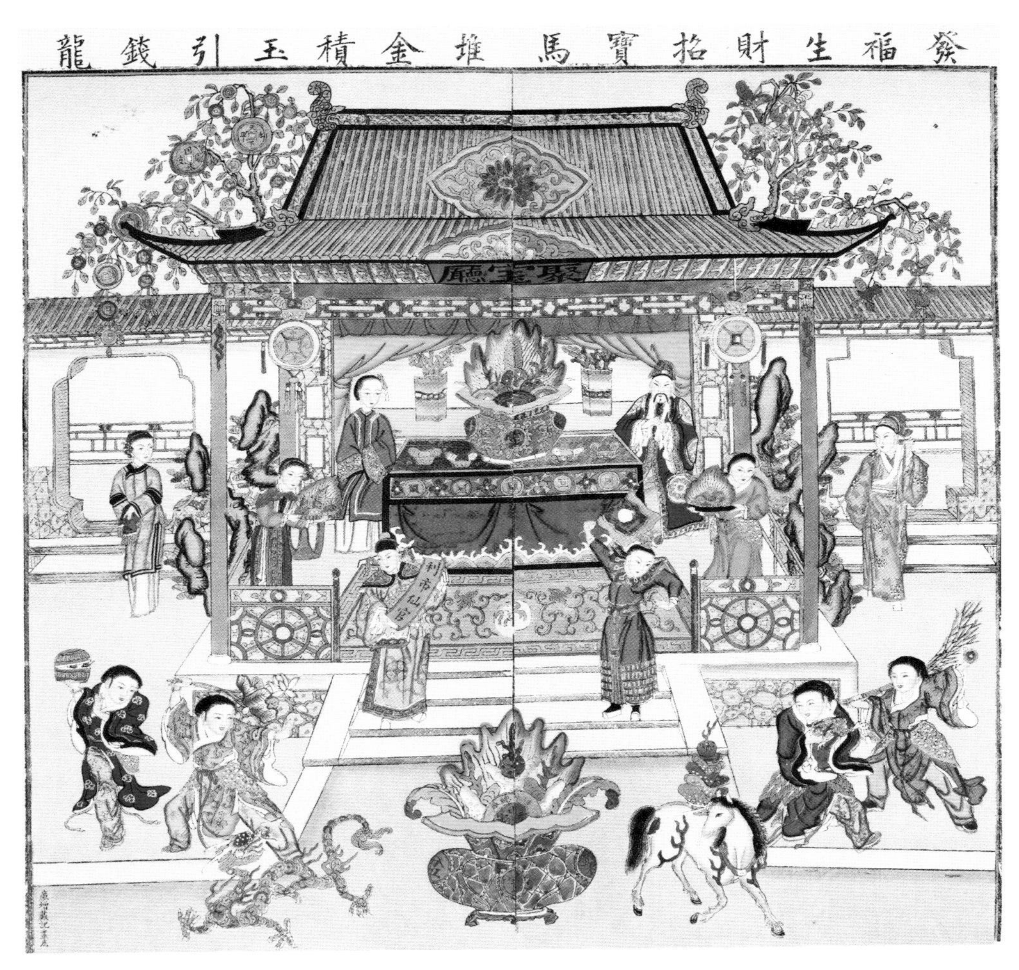

发福生财招宝马　堆金积玉引钱龙
Treasure Horse of Abundance
Golden Dragon of Prosperity

雨水手记

惊蛰·乍暖还寒时

惊蛰，古称“启蛰”。“惊”为“破”，地气通，这时的地气是阳春初出的清新之气，阳气发散将世间万物从沉睡中唤醒。此前动物入冬藏伏土中冬眠称为“蛰”，此时始发的春雷惊醒蛰居的动物称为“惊”。浮云集，轻雷隐隐初惊蛰。乍暖还寒，渐有春雷，大部分地区正式进入春耕季节。

此时的春天已经完全苏醒，人们精神振奋，农家迎来了充满希望的播种。《春雷惊蛰》描绘的是惊蛰时节一户邻水人家休憩时安然从容的愉悦之状。天空阴沉，浮云蔽日，阵阵轻雷偕细雨而来。篱笆围作高高的院墙，篱下三个年轻农夫，一人负手而立仰望天空；一人头戴草帽圈，腰系青巾，像

春雷惊蛰

Spring Thunder Awakening of Insects

是在等待天气变化随时下田播种，这两个人眺望着远处的山水虽然没有交流，但是能够感觉到他们的内心是一样的默契。还有一人右手叉腰，左手上指天空，侧脸看向篱墙内出现的脚步声。柴扉半开，牵着母亲的手急切要走出门外玩耍的幼童使画面立刻有了动感。孩子眼中的世界总是新奇的，两位农夫逗着他不知在说些什么。边上持着长竿的渔翁赤足绾裤，显然是被阴雨天驱散了垂钓的心情。近处水边，扎着牛角双辫的男孩子正在追赶一只小黑犬，它的毛发乌黑而有光泽，敏捷可爱，无奈临湖无路，只能转头狂吠几声来表现自己的倔强吧！隔岸溪水轻流，柳枝万条，垂下丝绦，只见一渔夫肩荷钓竿，上挂竹笠，疾步归来，脚下的青石板是日复一日的

桃园问津

Lost in the Fountain of the Peach Blossom Spring

桃花源记

A Tale of the Fountain of the Peach Blossom Spring

见证。画面远处湖水坡石，绿满平滩。整幅作品工整精美、色彩古朴，凸显了恬淡的意境，展现了创作者高超的绘画技能和高度的审美水平。

惊蛰时节桃花盛开，人们沐浴在和煦的春风里。桃花在中国人的心目中是最明艳娇媚的，人们常常赋予它美妙的意象。陶渊明的理想之境名为“桃花源”，“忽逢桃花林，夹岸数百步，中无杂树，芳草鲜美，落英缤纷”，那是一片生机盎然、安欣快乐的景象。《桃园问津》正是取材于《桃花源记》，花溪渔隐，武陵春色，却有着现实的味道。远处土地平旷，屋舍俨然，阡陌交通，农人往来耕作。泊在水边的船头上，母亲看着一对儿女笑意盈盈，女孩乖巧地坐在母亲的身边，她的弟弟却在用一只小手撑住船板，另一只手拿着树枝认真地拨弄水中的落花，可爱有趣。岸上众人情态各异，拱手作揖的年轻人无疑是闯入这个宁静画面的异乡客，不知他是在问路还

春夜宴桃李园
Night Banquet in Taoliyuan Garden

是向谦和的渔夫请求渡自己一程。身后年迈的老夫妇关心地望着他，一位少妇掩嘴轻笑，难道是在取笑他吗？两个天真的孩子躲在她身后，稍稍有些羞涩。整幅画面色彩明亮，远山淡影，云空澄净，湖水轻蓝随风荡漾。人物的服装颜色和谐统一，整体感非常强，两个小男孩的红色小衫尤其醒目。世间的一切美好都源于内心最真实的感受。画作具象了故事，诗画一体的田园山水是中国人心中最清澈的向往。

良辰美景奈何天，赏心乐事谁家院？春夜良景，当“召我以烟景，会桃花之芳园，开琼筵以坐花，飞羽觞而醉月”。

李白“绣口一吐就是半个盛唐”。《春夜宴桃李园》是根据李白的名篇《春夜宴从弟桃花园序》创作而来，文章描写了作者与兄弟们在春夜里聚会欢饮秉烛赋诗的场景，兴致盎然时不禁感叹，于广阔的天地而言，人生短暂，流光易逝，纷纭变换不可究诘。画中人物、景色以青白为基色，映衬得众人文采风流。唐诗三百首，篇篇为情愁，盛唐诗人中，李白的诗不仅飘逸自然，更是以气象取胜，无人能及。

桃李芬芳的春日色彩斑斓，惊蛰时节有一个美好的盛会。在古时，花朝节是这个时令最美丽的节日。花朝节由来已久，最早在春秋时期的《陶朱公书》中已有记载。《广群芳谱》记录："东京（今开封）二月十二曰花朝，为扑蝶会。"文人雅士邀三五知己赏花之余饮酒唱和，高吟竟日。《翰墨记》中描写："洛阳风俗，以二月二日为花朝节。士庶游玩。"可见"花朝节"日期因地而异。《清嘉录》记载："二月十二日，为百花生日，闺中女郎剪五色彩缯粘花枝上，谓之赏红。""百花生日是良辰，未到花朝一半春。红紫万千披锦绣，尚劳点缀贺花神。"这首诗想象出百花仙子为花神贺寿那绮丽美奂的景象。民间女子在这一天大多剪彩为花插在鬓髻应节，若花开正好则用真花簪戴，《洛阳牡丹记》描写"洛阳之俗，大抵好花，春时，城中无贵贱皆插花"，由此拉开了春游的序幕。

《花仙上寿图》描绘了花朝节这一天众花仙来到九重天朝见玉帝的奇幻景象。几位仙人乘坐蕉叶小舟，手中各持自己司掌的花朵，荷花、牡丹、芍药、海棠等绚丽多彩，仿佛感受到缕缕芬芳迎面飘来。小舟中间端坐的中年男子手提一篮菊花，风雅清逸，气度谦和，身着杏黄色的道袍，美髯飘于胸前，正是东晋时期"少有高趣、任真自得"的田园诗人陶渊明。他的名句"采菊东篱下，悠然见南山"清新质朴，颇有道家之风。前面玉阶下，三位仙人腾云而至，中间穿红衣的人豹头环眼、铁面虬鬓，左手拿着一枝火红的石榴花，正是大名鼎鼎的的钟馗，他的故事令人愤懑襟怀，同时又让人无比钦佩感动。钟馗"驱邪魅、守正气"的精神如同石榴花一样热烈红艳，民间奉他为石榴花神。

春天使得万物复苏，竞相生长，翩翩新来燕，双双入我庐。仲春的第一声春雷唤出了时雨。惊蛰时节，我们的身体、精神、情志也如春日一样舒展、盎然。春日静思，请用心体会时间的哲学！

花仙上寿图
Flower Fairies Celebrating Jade Emporer's Birthday

春分·阴阳平衡日

春分是春季的中分点，可以说是太阳最公正的一天，白天和夜晚时间相等，因此出现了生命中的最高境界——阴阳平衡。此时，在南方越冬的燕子又重新回到北方筑巢。这一天开始，白昼渐长，夜晚渐短。俗语说不过春分日不暖，岸柳青青，莺飞草长，清澈的溪水绕着石阶缓缓而流，空气中散发着芳草的香气，万物真正感受到了春天的温度。民间活动通常以这一天作为踏青的正式开始，人们尽情欣赏着一片雨霁风光。

《瑶池祝寿》是传统的年画题材。《神异记》中记载，农历三月三是西王母的寿诞，是蟠桃成熟的时节。这一日也是上洞神仙的盛会，他们纷纷赶

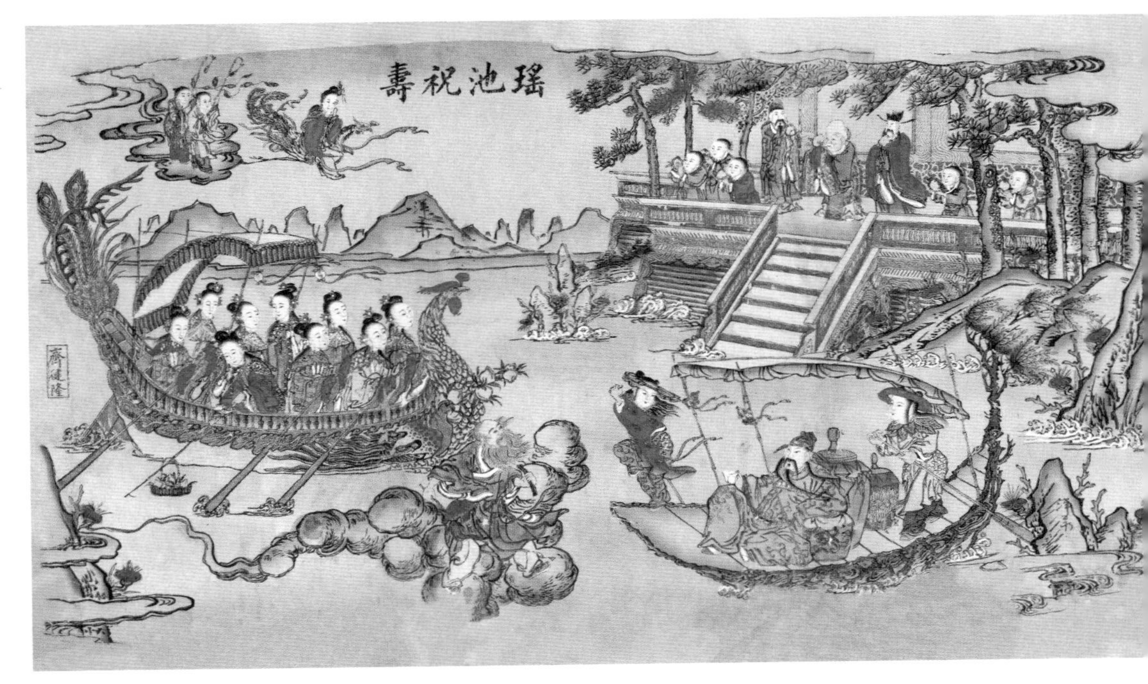

瑶池祝寿

Immortals Celebrating the Queen Mother's Birthday in the Jade Pool

赴蟠桃会为西王母祝寿。图中的上方王母身乘彩凤而来，笑吟吟地俯瞰亭台上恭候的福、禄、寿三星。下面的凤舟上，九天玄女率众仙娥泛舟瑶池，笑意盈盈。近处的一叶木舟造型别致，一位神仙半坐半靠，前后各有仙童随侍，胸前乌黑的长髯随着阵阵仙风飘起，手中的玉杯想必装满了琼浆玉液，自饮自酌，好不逍遥。他对面的仙人是一位老者模样，白色的浓须，身形矫健，携着浓浓的仙雾急匆匆赶来。整幅画的构图非常饱满，花草亭台，水光天色，红色的外衫喜庆吉祥。热闹非凡的瑶池仙境，仙乐阵阵，仙酒飘香，仿佛可闻。

同样题材的《麻姑上寿》则显得非常亲民，色彩明艳，人物鲜活，仿佛把仙境化为人间。图中台上端坐的王母娘娘头戴金晃晃的珠冠，笑容满面地看着阶前一位美丽的神女，她正是道教著名的女神"麻姑"。《神仙传》记载，麻姑修道于牟州东南姑馀山，农历三月初三王母寿辰，于绛珠河边以灵芝酿

麻姑上寿

Magu Offering Birthday Felicitation

酒祝寿。旧时民间为女性祝寿多赠麻姑像，取名“麻姑献寿”。画面中麻姑手捧花篮，微微含笑，侧脸看向旁边的小仙童，不远处一个仙娥挑着一篮仙桃款款而来。最夺人眼目的是图中这位乘鹿驾云的寿星佬儿，绛紫色的仙袍显得他胡须雪白，寿与天齐。两个童子在寿星身边快乐地张望，活泼有趣。这幅作品简洁生动，视觉感强烈，亲切有情，充满着俗世的热闹。

春分时节，林木青葱，如诗如画，温暖明媚的日子里，知交好友常常相聚畅谈。竹林七贤，魏末晋初河内山阳县深山之中的七位名士，分别是嵇康、阮籍、山涛、向秀、刘伶、阮咸和王戎，其中以阮籍、嵇康二人为灵魂人物。他们在司马氏的专权之下避祸隐居，常常围聚在竹林之中饮酒赋诗、抚琴纵歌。阮籍嗜烈酒、善弹琴，他的诗文慷慨激昂，但许多意思都隐而不显。《晋书·阮籍传》记载他“嗜酒能啸，善弹琴，当其得意，忽忘形骸”，他以此

竹林七贤
Seven Sages of the Bamboo Groves

春郊会友
Meeting Friends in the Suburb in Spring

来对抗时局动荡和人性虚伪，抒发内心积郁的不平之气，宣泄心中的大悲苦。高兴时纵声狂笑，不高兴时就痛哭一场，不掩悲伤，不演悲伤。“愿为云间鸟，千里一哀鸣。三芝延瀛洲，远游可长生。”让我们感受到阮籍的孤独无助和寻求心灵解脱的强烈愿望。七人之中以嵇康最为善弹，一曲《广陵散》旷古绝闻，琴音“纷披灿烂，戈矛纵横”，喷薄出一种愤慨不屈的浩然之气。传说此曲是神灵传于嵇康，嘱其不得别传。嵇康谨守信喏，无论何人请教从未传授，后为司马昭所害，刑前从容不迫，最后弹奏了一次《广陵散》，惋惜长叹自己没有教授给任何人，致使妙音绝世，留给世人无法形容的遗憾。晋代的社会风气促进了文人雅士自我意识的觉醒，他们体玄悟道，微妙无形，寂寞无听，集体走入自然、融入自然，具有独立的审美价值，形成了自己“心中的山水”。后人多以“竹林七贤”为题材，创作不同风格的诗文画作。

《春郊会友》色彩清晰，是杨柳青年画中岁时节令的佳作。画面中群山秀丽多姿、湖泊清澈温柔，近处亭有两人在对坐交谈，亭外一人躬身奉茶，远处的路人穿行在曲桥中，给人以空间的透视美。

仲春三月郁郁葱葱，姹紫嫣红开遍，我们感受着春的意韵。如这平分的春色，不偏不倚、过犹不及是中华民族传统的哲学思想。趁取春光，还留一半，莫负今朝。

春郊会友（局部）
Meeting Friends in the Suburb in Spring(Detail)

春分手记

清明·万物皆清明

清明，大约始于周代，已有两千五百多年的历史，时间是每年公历4月4日至6日。《岁时百问》中说："万物生长此时，皆清洁而明净，故谓之清明。"《历书》记载："春分后十五日，斗指丁，为清明，时万物皆洁齐而清明，盖时当气清景明，万物皆显，因此得名。"同时，它也是唯一一个将节气与节日合二为一的日子。

清明是最重要的祭祖和扫墓的日子。唐朝开始，朝廷就给官员放假以

杏花村
Apricot Flower Village

便他们归乡祭扫。宋《梦粱录》记载，每到清明节，“官员士庶俱出郊省墓，以尽思时之敬”。清明祭祀，祭拜先人，已经深深印刻在我们的心里。即使是久居海外的华人，如果条件允许，也一定要亲自到先人墓前祭拜。人们在这一天外出踏青，感受天地万物的洁净、清亮。春和景明的日子里波澜不惊，皓月千里，岸边的香草郁郁青青，细雨霏霏令世间的一切都变得澄澈、明亮。《杏花村》源于唐诗“清明时节雨纷纷，路上行人欲断魂。借问酒家何处有，牧童遥指杏花村。”是唐朝著名诗人杜牧在清明雨中有感而发的一首诗，成为了家喻户晓的清明诗。春雨像花针一样，密密斜织

仕女游春
Lady's Spring Out

着，飘洒着，落在人们心上。雨中人家的屋顶上漫起一层薄烟，春雨流魄，行人断魂，此时多么需要一杯清酒带来的暖意安放自己的身心。酒家在哪里呢？请往前方的杏花村！牧童、杏花喻指春色清新，牧童吹着横笛，坐在水牛背上，是传统文化中田园诗意的象征。整首诗俊爽清朗，这也正是杜牧的诗作特点。

气清景明的时节，所有的花草、树木、人都是洁净的。晓日清明天，九陌无尘土，绿草茵茵，春水荡漾，处处弥漫着清新的气息，出外踏青令人心旷神怡。《仕女游春》是一套“对楼”画，画中各有一组仕女。她们面若桃花，巧笑嫣然，姿态婀娜，纤细柔软的手很有特点，

欢天喜地
Great Joy

或持一柄香扇欠身微笑，或捧着果盘拈花微笑，最引人注目的是一手高挑花篮的女子，她的另一只手指着篮中刚刚游园采摘的鲜花神色陶醉，俏皮可爱。画师以细腻的笔触、丰富的色彩描绘出闺秀们春日里的闲适之情和淡淡优雅的生活画面。两幅画面组合在一起，形成“通景”，展现了中国传统美学的对称美。中式对称的美学理念强调的是一种和谐、平衡和稳定的美感，它常常体现在建筑与绘画中，是哲学和精神的艺术表现。

阳春三月，春波碧草，惠风和畅。踏青游玩是孩子们天然的欢乐，他们总是最亲近大自然的人。春日生发更加增长了小小身躯的活力，他们抖空竹，玩蹴鞠。《欢天喜地》中的六个孩童一起游戏，但他们的姿态各不相同，青衫绿裤的小孩分明将时节的颜色穿在了身上，把球高高地掷了出去；黄衣服的小胖曲起右腿抬头看向即将落下来的球，自信地等待它落在自己的脚上；最右边的人显然属于中场休息，一站一坐显示了他俩关系的亲密，应该是在愉快地交流技术上的问题；另外两个小孩自娱自乐，难得的是动作上的神同步，实在令人捧腹。整幅画作人物的服装色彩明亮鲜艳，突出了各自的特点。《抖空竹》的画面色彩清亮，清新淡雅之气扑面而来。左面抖空竹的少年全神贯注，双脚一前一后，调整身体，努力地平衡自己的双手，脸上的微笑是对自己的肯定；中间的少年静立着，侧脸认真地在看空竹上下抖动；右边的少年手里拿着细绳，低头紧盯着面前旋转的陀螺，好像在说："转得快一点！再快一点！"

清明节多雨，雨后天空晴朗，空气清新，微风一起，最适合放风筝，

抖空竹
Diabolo

喜迎春

Welcoming the Spring Happily

据说风筝可以带走秽气，人们把所有灾祸和疾病都写在风筝上面，待它升到天空时将线剪断，任其随风飘逝，祈愿平安吉祥。风筝，亦名纸鸢，风筝扶摇直上，寓平步青云。天津风筝起源于清代嘉庆、道光年间，《津门小令》中描写：“津门好，薄枝细搜求。烟管雕成罗汉笑，风筝放出美人游，花样巧工留。”天津作为著名的风筝之乡，历史悠久，以“风筝魏”为代表的天津风筝多种多样，做工精细，造型逼真，既有蝴蝶、雄鹰、蝙蝠、串灯等常见式样，也有天马八卦、福禄寿三星、七仙女、唐僧师徒等新奇式样，是珍贵的民间工艺品。鸟语花香，正是放风筝的好时节。年画《喜迎春》将三个娃娃手中的风筝刻画得华彩精致，栩栩如生。作品《十美图

十美图放风筝

Ten Kite-Flying Beauties

春风得意

Spring Breezes Bring Joy

春風得覓
畫圖中
憑好風
莫道兒童
嬉戲意
青雲有路
總能通
壬寅冬月
津西柳
邨居士
桐野
高蔭章戲
作于雪鴻

雪燕梨花
Swallows Flying Pear Blossom

放风筝》描绘的正是春风骀荡、草木争春之时，十位佳人结伴踏青游春、齐放风筝的欢快场景。她们的风筝式样繁多，极有特点，福禄寿三星飞在最高处，长长一串的蝙蝠和灯笼风引而去，手里拿着一只蝴蝶的素衣美人似乎还在犹豫，其余众人各自准备“放飞自我”。尽管因为年代久远可以看出画面斑驳，然而高超的艺术水准使其依然生气犹存。

“春风得意马蹄疾，一日看尽长安花。”《春风得意》刻画了春风轻动，纸鸢高飞，儿童们十分得意的图景，预示着他们未来的人生仕途平坦，拔萃翰林。两株古柳绿叶苍翠，树旁厅轩精致，花窗雕栏，回曲折廊掩映在梨花间。厅内一张长几上陈设着兽耳瓷瓶，伴着几函书籍。一位女子扶几侧坐，侍女双手奉茶向她走来。庭院中，梳着“蚌珠头”的少女正在耐心地指导幼儿放风筝。真正的主角是图中三个少年，一个红衣少年将一个“囍”字风筝高高放飞，祈祷它飞到他想去的地方。另一个粉色衣衫的少年疾步而行，他手中的风筝线车控制着对面不远处紫衣少年手拿的沙雁软翅风筝，两人正在准备合力放飞。春色如许，桃花盛开，石桥静卧，生机盎然。图上题诗：“夕阳春暮画图中，风翥鸾翔惜好风。莫道儿童嬉戏意，青云有路总能通。”

“梨花风起正清明，游子寻春半出城。日暮笙歌收拾去，万株杨柳属流莺。”这首《苏堤清明即事》是南宋作家吴惟信作的一首七言古诗，描写的是清明时节人们出城踏春，漫步苏堤，游览西湖盛景的美妙心情。清雅洁白的梨花为清明代言，游春的人们朝往暮归，如织的人潮散去，杨柳堤岸上翠幕烟绡，黄莺鸟终于迎来了一天中最为自由和安静的快乐时刻。

清明节是唯一不需要庆祝的传统节日，千年的岁月流逝至今，承载着对生命的珍惜和思考。让我们带着对清明的礼敬和期许，崇尚古意，追思先贤，感受春之意境的高洁古朴。

遥指杏花村

Pointing to the Apricot Flower Village

清明手记

谷雨·百谷得雨生

谷雨，源自古人“雨生百谷”之说，此时时雨将至，谷物得雨而茂盛，是一年中最关键的雨水。“清明断雪，谷雨断霜”，谷雨的到来意味着寒潮天气基本结束，气温回升加快。在漫长的农耕社会里，只有天上下雨，地上的百谷才得以生长，才能丰收有望。据《淮南子》记载，轩辕黄帝的史官仓颉因造字功德感动上苍，上天便赐人间一场谷子雨以慰其功劳，人间从此便有了谷雨节。

勤劳的生活得到了上苍的奖励，人们感受着春日的馈赠。“问东城春色，正谷雨，牡丹期”。牡丹被世人誉为百花之王，国色天香，寓意富贵和繁

四季花开
Flowers Blossom in Four Seasons

史湘云偶填柳絮词
Shi Xiangyun Writing Lyrics of Willow Catkins

昌。谷雨前后是牡丹花开的繁盛时期，因此被称为“谷雨花”。《四季花开》以坐姿呈现的童子体态圆润，神情娇憨，手中的荷叶托起饱满的莲花，紫红的花瓣呼应着身边那大朵盛开的牡丹。最细节处是他的发髻上画有一朵小花，别致而有趣，体现了画师内心丰富巧妙的小心思。画面中的花对应不同的季节，牡丹代表春天，荷花代表夏天，菊花代表秋天，梅花代表冬天。作品人物丰满、柔软，四季花开不败，繁茂兴旺。

三月暮，无计留春住。虽然依旧是杨柳堆烟，但已是暮春时节。春晚伤流景，此时正是柳絮一年中迎风飞舞的日子，柳絮本是漂泊无依之物，一团团、一簇簇漫天而来，“嫁与东风春不管，空缱绻、说风流”，世人常常将其隐喻为薄命之人。而面对此情此景，奋进勃发之人则另有一番心

彩花百蝶

Colorful Flowers and Beautiful Butterflies

境："韶华休笑本无根，好风凭借力，送我上青云。"《史湘云偶填柳絮词》展开了大观园里的春日盛会。"英豪阔大宽宏量，霁月光风耀玉堂"的史湘云诗才不输薛、林二人，她填词的《如梦令·柳絮》既不同于黛玉的凄婉伤情，也不同于宝钗的勃发上进，而是流露出浓浓真挚的惜春之情。"岂是绣绒残吐，卷起半帘香雾。纤手自拈来，空使鹃啼燕妒。且住，且住，莫使春光别去。"迷雾，香雾，她感觉到自己的未来扑朔迷茫，人生充满了不确定。明日的忧虑交给明日，珍惜当下的每一天才是智慧的人生吧。

暮春的微风渐暖，乱花渐欲迷人眼。彩蝶在花丛中翩翩飞舞，颜色姿态各不相同，它们在和风儿追逐嬉戏。《彩花百蝶》图展现了精细入微的绘画技巧，几朵大的蝴蝶煽动着翅膀像是要从画中飞出来，甚至让赏画的

春闲对弈图

Playing Chinese Chess During Spring Break

人都不敢眨一下眼睛。一群小的蝴蝶环绕在大蝴蝶身边低旋，花如蝶，蝶如花，蓝天草地，溶溶其间。

春日的闲适是属于母亲和孩子的。《春闲对弈图》描绘了两个女子对弈的画面。这盘棋局是轻松愉快的，她们面色温柔，眉眼含笑，丝毫不见冥思苦想的神情。粉色衣衫的小女孩似乎看出母亲的举棋不定，伸手为她指出落子之处，一本正经的神色，仿佛真的能一子定乾坤。对弈图是中国绘画的传统题材之一，用于杨柳青仕女娃娃年画之中，丰富了春日的生活场景，别有一番“且陶陶、乐尽天真”的情趣。

谷雨，像是轻轻打湿衣襟的杏花春雨，温润着春天最后的情怀。百谷得雨而生，雨泽万物，滋养生灵。让我们静静感受这春日里的生命力，在心田里播种下希望，祈愿天随人愿，丰收安宁！

夏
夏早日初长
雨水草木香

立夏·物至此皆大

“斗指东南，维为立夏”，战国末年就已确立了立夏，表示夏季的正式开始。夏的本意是“面向南方”，古人以南为阳，有生长之意。夏更有“大”的含义，喻指春天播种的植物已经生长壮大了。自周朝始每逢立夏日，天子亲率文武百官到京城的南郊举行迎夏仪式，祭祀炎帝和火神祝融。君臣一律穿朱色礼服、配朱色玉佩，一并车骑仪仗皆为朱红色，以昭示夏天的热烈，表达对万物生长的兴奋与丰宁的祈愿。大，是充实而有光辉，是壮观的美。

立夏时节绿荫渐浓，清幽静谧中别有一番景致。日光下澈，影布石上，

吉羊如意
Auspicious Sheep Brings Good Luck

清澈的山泉水绕着台阶漫漫而流。初夏的园林清幽生凉，最是游玩的好去处。我国的园林众多，自然典雅，蕴含着古人的智慧赋予的诗情画意。《吉羊如意》图展开了一幅夏日游园的画卷，画舫游廊中，亭轩水榭旁，母亲和孩子愉快地乘凉。湖水边、回廊下处处洒落着绿荫，青径小路似乎生出微微的暗香。

平静的湖面上，一位母亲扶着一个头扎冲天小辫的幼童正缓缓地走过小桥，幼童手举一柄如意指向前方，如意头挂着玉磬，兴冲冲地追赶着前面的小羊车，抑或是要到对面他眼中阔大的亭子中去，母亲则是小心翼翼地照看他蹒跚的脚步。桥上有一男一女两个儿童，女孩头戴彩穗草笠，俏皮可爱；男孩的平顶凉帽黑白相间，显得确有一丝凉意。他俩背靠敞车由山羊驾辕，新鲜有趣。羊是一种性情温顺、活泼敏锐的动物，是中国传统吉祥图案，古意是“祥”。《说文解字》指出“羊，祥也”，“美”则“从羊，从大”“与善同意”，因此“羊大”为“美”。汉铜器上常见有“吉羊”“大吉羊”的文字装饰，桥上三个孩童是这幅画的核心寓意——“吉祥如意”。画面中峻石巍峨，高处的四角凉亭中，两个人喝茶看着风景。古代匠人非常注重意境的塑造，在园林建造上追求“景”于“情”巧妙的融合，其中“借景”“藏景”等常见的表现方式，是古代建筑中最巧妙、最常见的运用。值得一提的是，画中高处的凉亭就是“借景”中的“远借”，即远处的景物为我所用，为了让观赏者欣赏到远景，往往在园林的高处建造亭台楼阁，开阔了视野空间的同时，园林的整体结构呈现了变化灵动的美感。画舫对岸的亭台边，一个红衣女子静静地注视着眼前的一切，仿佛画中人看画中人，整幅画作呈现了初夏的明亮，洋溢着欢快祥和的气氛。

《吉羊如意》图尽管没有题款，然而从画风，尤其是亭台楼阁、山石花木的笔法上看，应该是清代杨柳青年画画师高荫章先生的作品。

立夏以后昼长夜短，薰风南来，青云翠烟般的颜色，是初夏来临的衣衫。夏日缤纷，渔家欢乐，《渔家乐》反映的正是他们在这个时节的日常生活。图中岸上高柳垂阴，树下铺着一方苇席，美酒佳肴散置其上。两位蓄须长者，一位像是饱学之士，“戴着眼镜”倚书斜坐，一手持书，一手扶膝，是最惬意的读书姿态；另一位装扮朴素，笑容满面，似乎在兴起而歌，应和着对面演奏的弹三弦、打檀板、敲单皮（鼓）的两个年轻人。右上方席角，一个憨直的渔童把手伸进鱼篓，查看一天的丰获。左边席外站着一个少年，斜挎装满食物的竹篮，手中拎着一个酒壶，显然是为送酒菜而来。右边不远处两个忙碌了一天的渔夫满载而归，缓缓走来。他们头戴斗笠，肩扛鱼竿，手提鱼篓，老者身披蓑衣，少者肩背着筐，二人边走边聊，交流着此时的好心情。树下近岸泊着一条渔船，船舱上晒着厚厚的渔网，船杆高挑着一件幼儿的衣衫，鲜红醒目。勤劳的渔妇怀抱婴儿在为家人煮饭，舱房内梳着双髻的少女正在递送食具，锅中升起的炊烟裹着麦气的香甜，成熟只在顷刻间。远处渔舟撒网，房舍散居。画面清亮安宁，岸上席地而坐的人们最是欢乐，他们在柳荫下围坐饮食，开心小酌，还有人弹琴助兴，尝鱼鲜，庆余年。

孟夏之日，绿色冉冉，大地一片青葱。迎夏之首，末春之垂，春天的播种迎来了夏日的成长。“凡物之壮大者而爱伟之，谓之夏。”夏在中国文化中有着超越其文字的意义，是热烈，是盛大，亦是信念，让我们体会到了一种秩序和使命。

渔家乐

The Happiness of Fishermen's Family

漁家樂

立夏手记

小满 · 小得方盈满

小满是一个美好的节令，风吹麦浪滚滚，让人们提前感受到丰收的喜悦。“小满者，物致于此小得盈满。”大江南北，无论是麦粒的饱实还是雨水的丰盈，皆为“满”意。此时地面温度渐渐升高，人体内的气血最为充盈。小满来临，抽齐了穗子的小麦在风中摇摆，好似小儿女娇憨的神态。氤氲的麦气薰风暖熟，麦穗低着头接受日光的照耀，此时经过麦田能闻到缕缕香甜之气。在“子规声里雨如烟”的江南，稻田里绿油油的禾苗是初夏最美的景色。五代后梁有布袋和尚作《插秧歌》：“手把青秧插满田，低头便见水中天。心底清净方为道，退步原来是向前。”这浅白平实且具佛性禅心的诗，在他的家乡宁波奉化，至今仍在稻农口中传诵。

村田夏景

Summer Scenery in the Village

小满节气开始，全国渐次进入夏季，自然中，庭园野趣以无声来展现生机。农野乡间素有“小满动三车”的惯例，三车指的是水车、丝车和油车。小满初始，稻苗便要在这时节栽插下去，干涸的稻田急需雨水的润泽。如若天不下雨，农人只能踏水车取水灌溉，需要靠人力带动水车轮轴转动，将一条条清流自河中抽出，奔流到一亩亩齐整有序的苗田里。水车是农田灌溉最有利的工具，因此古人祭天祈水的同时也不忘祭祀车神。

年画《村田夏景》描绘了水车灌溉和插秧育苗的场景，是杨柳青年画内容里非常罕有的题材。图左伞盖形状的茅草亭下是一个大如车轮的灌田水车，两个农夫靠在亭柱上休息，愉快交谈。身边地上的陶壶瓷碗和疏水工具刻画清晰，细节了生活。两人一个少年精壮，一个暮年苍老，年轻人面向老者，笑容满面，手指着远方，仿佛正在为他描述着可以预见的丰收年景。他们对面的一方小池塘里水田稻秧插齐，农人坐在田埂上濯足，抬头仰望天空，十分惬意。隔溪对岸，一座木桥横跨水上，直通远处山村篱下。一个头戴草帽的农夫肩上担着木桶竹筐，看向这边，应该是为他们来田里送饭吧！前面引路的小黑狗急切地回头催着主人。远处篱墙围着几间房舍，柴门前的红衣农妇半坐在地上，正在叮嘱自己的孩子。一旁的大公鸡身姿雄健，迈着骄傲的步伐，凛然不可侵犯。画中的柳条像飘带一样随风舞动，柳树枝干笔力遒劲，充分体现了木版画的特点。整幅画作的色彩明亮，有古朴之风。远山无尽，湖水接天，更有花木点缀其间。清江一曲抱村流，长夏江村事事幽。这宁静的夏天！

夏天是静美而充满情趣的，真切而灵动。《连生贵子》作为杨柳青年画典藏品之一，是仕女娃娃画常见的题材，一直深受大众喜爱。这是一幅格景形式的画作。仕女执扇静立，两个鲜嫩如莲藕一般的娃娃活泼有趣，一个在认真地吹笙（谐音“催生”），另一个一手拿着莲花，一手高举着剥开的石榴，石榴多籽，寓意多子。小满时节成就生命的饱满，新生命的到来是世间最美好的期待。多子多福寿是中国人传统而坚实的观念，并且不忘给予生命智慧的加持，希望像山水一样宽阔豁达，如修竹一样的君子品德。图的下方，成串的葡萄同样寓意多子，而萝卜不仅象征着吉祥、福气和长寿，还承载着对生育的美好祝愿。此外，《连生贵子》意指“莲生贵子”，莲花出淤泥而不染，象征生命的清洁高贵。汉字的发音赋予中国人丰富绮丽的意象，妙不可言！

在二十四节气中，小满是一个充满哲理的节气，充盈、满足、骄傲、成就，万物生气盎然又从容不迫。“满招损，谦受益”告诉我们为人处世最忌太满，因此在节气的命名上有一个独特的现象，有小暑必有大暑，有小雪必有大雪，有小寒必有大寒，唯独有小满却无大满。若无闲事挂心头，便是人间好时节，人生若能小满，足矣！

连生贵子
Bearing Noble Child Continually

小满手记

芒种·稼穑芒之物

芒种出自《周礼》，“泽草所生，种之芒种”。“芒”指的是细长有尖的农作物，其中最具代表的是麦子。“种”指的是谷黍类作物的播种。《历书》记载：“斗指巳为芒种，此时可种有芒之谷，过此即失效，故名芒种也。”芒种至大暑是一年中最热的时节，是万物生长的旺季，随着气温不断升高，有芒作物进入成熟后的收割期，盛夏大幕就此开启。

芒种到来，大麦、小麦等有芒作物此时均已成熟，抢收十分急迫，错过一天就有可能错过一季。在杨柳青年画系列中，这幅《农家稼穑难》年画刻绘的时间较早，作品表现的是将收割好的小麦轧穗入库的场景，是杨柳青年

农家稼穑难
Hard Farming

画的代表作之一。画面人物众多。农忙时节，男女老幼齐上阵，每一个人都做着自己力所能及的的事情，忙碌中透着喜悦。画面中，身穿坎肩的中年农夫两手撑开“耕读堂”布口袋，对面的女子双手端着笸箩，小心翼翼地将粮食缓缓倒入袋中。一旁的青年农夫正在用绳子扎紧装满小麦的口袋，侧脸憨笑，望着柳树下两个农人堆积的麦秆，看着满满的口袋，欢喜这美好的年景。高高的麦堆旁，一位双鬓簪花、手持长长烟袋的妇人牵着幼儿的手。与之对称的是端着笸箩准备给马添加饲料的妇人和鞭地作响的顽皮小儿。他们的脚下摆放着铜壶、瓷碗和各种农具。画面左边是一家人收粮之后心满意足地过桥回家。远处几个农人劳作归来，家中妻儿出门等待。图中上方有一首题诗：“惟有农家稼穑难，终朝忙迫在场间。收来麸麦如山积，妇女咸歌大有年。”饱满的麦粒是心中的安定，是对生活的坚信。画作用色柔和淡雅，人物鲜活，

万年的庄家（稼）忙
Eternal Harvest

耕织全图
The Art of Farming and Weaving

内容丰满。几棵柳树，几间村舍；父母勤劳，孩子快乐。

同为“庄家（稼）忙”题材的另一幅作品《万年的庄家（稼）忙》色彩更加明亮自然，草绿色的麦秆和麦垛凸显了夏日的特点。一位老农在赶着牛儿“打麦场”，身旁的妻子和孩子手拿麦叉一起帮忙翻动麦秆，为的是得到那结实饱满的麦粒。其他众人在周围各自忙碌，或扬撒麦粒，或筛检麦粒。土地丰沃，那一筐筐纯净的粮食回馈了农人滴落的每一滴汗水，最终成为我们最有力量的食物。年轻的农人扶帚小憩，静静地看着这美好的年景。画中有多处母亲和孩子的描绘，柴门内，花木扶疏，一个儿童奔跑而出，不知道他会对着小羊和公鸡怎样的淘气？门外母亲背上的幼儿指向他，似乎要下来一起游戏。其中最有意境的是一位席地而坐的母亲，在为怀中的幼子哺乳，身后的两个孩子表达着对麦收的新奇和惊喜。新麦是大地之母哺育人类的新乳，是世间一切生命的加持，意义非凡。

及时雨和热烈的阳光交替着洒向大地的每一个角落，奇妙的季节风中人们欢欣奔忙，辛勤的劳作是心中的期望、转头的芬芳，是菱歌悠扬、那无关景色的明亮。在这四季中最饱满的时段里，万物生生不息，谷、黍、稷等夏播作物也正是播种最忙的季节，“芒种不种，再种无用”，芒种也称为“忙种”。“时雨及芒种，四野皆插秧。家家麦饭美，处处菱歌长。”《耕织全图》描绘了芒种时节的农间整体风貌，在漫长的农耕社会里，仿佛看到男耕女织的远古先民缓缓向我们走来。

农历五月初五是中国传统的节日端午节，距今已有两千多年的历史。端，初始的意思。干支纪年历法中，五月即午月，午为阳辰，因此也称作“端阳节”。粽子是端午节必备的食物，以糯米包裹各种馅料，再用箬叶或用芦苇叶包成斜四角形，蒸熟后碧绿可爱、味道清甜，深受人们喜爱。除此之外，

端阳节闹龙舟

The Dragon Boat Race on the Dragon Boat Festival

赛龙舟是这一天必不可少的大型水上运动，考验着参加者的协调力和凝聚力，每年成百上千人聚集在河边观看这场盛会。端午节竞渡可追溯到远古时期，是由南方地区祭祀水神的仪式发展而来的习俗。战国的荆楚地区奉屈原为水神，屈原是楚国伟大的诗人和政治家，楚国郢都被秦军攻破后他自沉于汨罗江殉国。他创作的诗歌集《楚辞》展现了楚文化的诡锦秘秀、浪漫多姿，是华夏文明的重要组成部分。端午竞渡的习俗，也是荆楚地区人们纪念屈原的方式之一，唐代以后成为全国性的节日风俗，流传至今。

年画《端阳节闹龙舟》描绘了这一节日盛况。宽阔的河面上，一只巨大的龙舟，龙头高昂，龙嘴大张，面红鼻赤，龙目生光。一个红衣少年手握令旗张开双臂单脚立于龙头之上，独占鳌头，身姿挺拔，傲然俯视。船上龙旗飘扬，五个儿童组成了乐队进行鼓乐表演，他们衣色鲜明，鸣锣擂鼓。高吹长号，双手敲钹的乐手盘顶的发髻上还簪着花朵，这震天的声音像要冲破画面。湖内荷花初放，湖边的雕花围栏曲折近水，岸上有重檐楼亭。亭台外，几个伶人正在表演《白蛇传》，许仙风流倜傥，头戴鸭尾巾，手持折扇望着温柔多情的白娘子；小青着蓝衣，披云肩，头上的虞姬罩显得更加英气飒爽。他们清韵婉转的声音本该令人进入情境，而画中唯一的看客还是扭过头被热烈的龙舟表演吸引。远山微黛，呼应近处青黑的亭檐，人物的衣衫与物品的颜色和谐对称，极具美感。

这幅《端阳节闹龙舟》是典型的民国风情。湖面宽阔，水天一色，岸上绿柳万条垂下丝绦，游人们观赏者龙舟竞赛。两只龙舟上的水手们正在奋力划桨，船舱内的乐手敲锣、鸣号声震耳欲聋。隆隆的擂鼓声中，只见船舣彩舫，波心争渡。有动就有静，同在湖中的两条小船显然是置身事外的姿态，船上的人轻摇慢撸，悠闲地观赏着比赛。远处柳岸沙滩，应是天津近海地区端午龙舟竞赛的场景。

端阳节花草繁茂，佳卉芬芳。榴花似火，凤草飞红，虞美人娇艳。《端阳丽景》画中卖花草的老人驻足在一家庭院外，门内的闺阁少女让两个小孩

闹龙舟

The Dragon Boat Race

子出来买花，充满了生活气息。每个人手里各拿一把扇子，老者的扇面有些稀疏，岁月的痕迹清晰划过，伴随着主人日渐衰老。孩子们的衣衫映着节气的颜色，如同他们自身的生命力。高个子男孩用扇子遮挡头顶的阳光，年纪略小的却像个长者把树叶一样的扇子自然地放在身后，学得有模有样。少女

端阳丽景

Beautiful Scenery on the Dragon Boat Festival

静静地看着他们，胸前的扇子带有花纹，与她淡淡的妆容非常相配。

芒种忙种，辛劳和热烈是这个节气的使命。芒种是一面收获，一面播种；是在夏日热烈的燃烧中预见金秋的饱满和惊喜；是锋芒尽敛后更加辛勤的耕耘。世间一切的成熟皆为内蕴精华，如同所有的希望都是明亮而不耀眼的光芒。

芒种手记

夏至·宵漏自此长

夏至，先秦确立的节气，这一天是北半球全年中白天最长的一天，此后白昼渐短，夜晚渐长，是一年最重要的两个阴阳转换的节点之一，古代每到夏至日都要隆重祭祀。“夏至一阴生，稍稍夕漏迟。”古人认为此时阴气初动，所以称“一阴生”。夏至后的第三个庚日入伏。

夏日炎炎，果蔬最是丰富，蜜桃和西瓜先后驾到，鲜甜饱满的汁水是消暑的佳品，尤其受到老人和孩子的喜爱。《掰瓜露子》图鲜活灵动，蓝衣童子面前是一个一开两半的大西瓜，黑籽红瓤，多汁香甜。有意思的由于开口

掰瓜露子

Watermelon Seeds and Kids

士农工商财发万金

The Scholar, the Peasant, the Worker and the Businessman Getting Rich Together

处底部连接，所以平面直观竟然是一个“心”形，更有趣的是他的目光却望着左边果篮里那个大大的水蜜桃和满籽的红石榴，这贪心的小模样正是画师的小巧思。相比之下红衣童子显得心思恪纯，认真地只关心属于自己的那半西瓜究竟有多甜，他翘起的小辫儿和头顶上的小花可爱又有趣，是对夏至到来最开心的迎接。在中国人的观念里，桃代表寿，每逢家中长辈寿辰，晚辈都会奉上硕大的蜜桃，名为“寿桃”；西瓜多籽寓意“多子”。多福多寿、子孙满堂是每个老人的终极愿望。

夏至的生活是火热的，市农工商构建了整体的经济社会，炎炎夏日里，他们仍然为了生活忙碌着。《士农工商财发万金》是盛夏里一幅热闹繁盛的风俗画卷。渔人摆渡、酒家迎客、农夫赶牛、脚夫挑担，还有在树下自在纳凉的妇人和孩子。屋内窗前，先生在认真指点学

丑末寅初
Busy Working at Dawn

生的功课。牵着骆驼的中年男子衣饰奢华，似乎正在向街头的西瓜小贩问询着什么，面色深沉，轻摇折扇的他是画中唯一的远来豪客。炽热的夏至，祝愿各行各业广进财源、平安富足！

夏至来临，这是一年中白昼最长的一天，此后，日短一线，人们尤其珍惜这个时节的光阴，辛勤劳作。农家更是早起晚睡。“倚杖临风话铲趟，丑末寅初上工忙。”《丑末寅初》是京韵大鼓里的一首传统曲目，描绘的是凌晨三点至五点天将亮未亮之时普通百姓的生活场景。作品以极度凝练的韵律美，形象地展开了一幅生动古朴的画卷，带给人们高度的艺术享受。

这幅同名作品画面开阔，意象朴实，远山村郭，近桥流水，河面上开满了莲花。只见桥上一位年轻的书生轻摇折扇缓步而行，似乎是被水里还在梦中的莲花深深吸引，而前面的小书童显然没有这份心情，他肩上担着琴剑书匣，大步流星地前行，同时回头催促着书生赶路。他们身后是一位扛着锄头的农夫，他望向岸上正在休息的樵夫，也许心中感慨天色微明，樵夫就已经完成了今天的收获。旁边的渔娘今日同样得到了丰厚馈赠，手中的一尾鲤鱼引人注目。图左有两位渔夫，肩上细长的鱼竿是他们最重要的伙伴，年轻的渔夫指着对岸仿佛和老者说：“看，她钓到的鱼也不小呢！”远处吹笛的牧童骑牛而来，他的出现打破了凌晨的寂静，为整幅作品带来了声音，渐渐融入了清晨的画面。值得一提的是，画中的树叶不同于通常的细致刻画，而是采用了类似“点彩法”的方法。画师并不是施以笔墨，而是以数十根灯芯草捆在一起，将一头剪齐，蘸上墨汁点成一簇簇的花草树叶，最后根据深浅要求的不同，涂以相应的颜色。这种画法的效果极美，生动地表现出树叶在光影的作用下呈现出的斑驳感，巧妙逼真。

莲年有余

Abundance Year after Year

连生贵子
Plentiful Offsprings

蝉鸣惊半夏，晴光映荷花。夏至是荷花盛开的时节。荷花在华夏文化中是独特的情结，“出淤泥而不染，濯清涟而不妖”，象征人格的高尚。《莲年有余》是杨柳青年画的代表作，“莲”谐音“连”，“鱼”谐音“余”，喻指福泽不断、富裕绵长。画中的娃娃面若桃瓣，抱着一条硕大肥美的锦鲤。他的身后、手中和发髻上依次是大小不同的莲花，花瓣盛开处是清晰可见的绿色莲蓬，饱满的莲子即将成熟。作品色彩艳丽，透着浓浓的吉祥气息。

年画《连生贵子》的造型独特，是一幅菱形斗方，多张贴在院落的影壁之上。作品主体依然是一个可爱的胖娃娃，头扎双髻，胸前围裹着粉色牡丹图案的大红肚兜十分抢眼，肩上披着锦绣云肩开心地笑着。他双手分执的莲蓬与笙，寓意“连生”，身下大朵的荷叶使他仿佛置身莲花池中，象征着“连生贵子”。四周边框绘有蝙蝠、桃子和双钱，意指“福寿双全”，画面琳琅满目，予以了生活所有美好的祝福！

另一幅《连生贵子》是杨柳青年画中的常见题材，笔触生动。脚踏莲花的娃娃正在吹笙，莲花轻柔粉香，对应莲蓬和肚兜浓郁的绿，裤子那厚重的黄色强调了画面却不失整体的清雅，展现了画师丰富的色彩美学。

夏至一半，光阴有期，阴阳交替是心与境的相互随转。墨绿色的夏天波浪起伏，东边日出西边雨，道是无晴却有晴。莲花生香，岁月静好在每个人的心中流淌。夏荫幽深，光阴于无声处流动是天地间最初的情意。

连生贵子
Successive Heirs of Distinction

夏至手记

小暑 · 温风至此极

盛夏来临已久，小暑的天气十分炎热却还没到最热，暑，煮也，热如煮物。“小”表示酷热程度尚未达到极致。俗语说小暑过，一日热三分。此时，风携热浪、太阳正灼，气温开启一年中的闷热模式。暑热那缓缓持久的渗透力使人们感觉意懒神倦，所有事物都像披着一件潮湿的外衣，温风、浅水，不知何处才能觅得一丝凉意。

“倏忽温风至，因循小暑来。竹喧先觉雨，山暗已闻雷。”梅雨霁，暑风和，闷热的伏天如期而至，宁静是当下生活的主旋律。渔、樵、耕、读是古人生活的基本方式，是古代文化中重要的精神概念，是对田园生活的具体憧憬。“渔

渔樵耕读

The Fisherman, the Woodcutter, the Farming and the Scholar

樵耕读”作为中国传统绘画中的常见题材，构建出一种理想化的生活情境，体现了传统文化中对于物质生活与精神生活的平衡追求，以及与自然和谐共处的思想价值观。

作品《渔樵耕读》取材于四个历史人物：渔夫——东汉著名隐士严光。不慕功名，终生垂钓纵情于山水之间。樵夫——汉武帝时期名臣朱买臣。早年虽然穷困潦倒卖柴为生，但是勤奋乐观，每天担着柴也不忘背诵诗书，陪伴他二十年的妻子实在不愿继续这样的生活要求离他而去，朱买臣苦劝妻子再忍受几年，自己即将出仕，然而最终耐不住对方的哭求答应了她。几年后朱买臣做了高官衣锦还乡，围观的人群中已经再嫁他人的妻子又惊又喜，上前请求和曾经的丈夫重新一起生活，朱买臣让侍从端来一盆水泼在地上，告诉她除非能将水收回盆中，否则绝无可能。看着哑然无声的前妻，朱买臣拿出丰厚的金银送给她安度余生。当天夜里，女人用裙子蒙住脸悬梁自尽，可知她有多么的羞愤和懊悔，命运同她开了怎样的一个玩笑啊！这就是“覆水难收”的成语故事。耕夫——“三皇五帝”之一的舜帝。贤孝睦邻，带领百姓开垦田地，是明君的象征，史书评价“天下明德，皆自虞舜始”。书生——战国时期的苏秦。著名的纵横家、谋略家。早年游走列国但不为所用，他刻苦攻读，以合纵联盟的谋略获得六国拜相。将这四个人隐喻在一张画面里，呈现出来的是他们自然朴素的人生中有着心怀天下的宏大理想。画作题有“鱼罾举手正停潮，合口归来有荷樵。绿墅罢耕驱犊返，儒生揽辔渡斜桥。岁在已丑夏荷月积裕厚题。”农历六月是荷花盛开的季节，因此有“荷月”的雅称。画中人物情态不同，各自安乐，反映出画师深厚的绘画功力。

《千家诗》是幼儿的文学启蒙，民间流传广泛，影响深远。它所选的诗歌大多是唐宋时期的名家名篇，易学好懂。“小娃撑小艇，偷采白莲回。不解藏踪迹，浮萍一道开。”图中三个孩童乘着小船采莲归来，清新的荷叶托举着盛开的莲花，岸上的红衫幼童指着归舟向母亲兴奋地展示自己新学的诗歌：“采莲南塘秋，莲花过人头。低头弄莲子，莲子清如水。”远山连绵，

千家诗

Thousands of Poems

近水平阔，景色十分宜人。

传说西施是荷花花神，后世尊称其“西子”。这位越国苎萝村溪水边浣纱的绝美女子，被呈送给吴王夫差成为宠妃。吴宫的奢华，富贵繁花，未曾让她忘却自己的使命。在帮助越王勾践完成复国后消失无踪。“芳踪出自苎萝西，未许脩明色与齐。水剩山残吴越尽，千年犹说浣纱溪。”世人为她安排了两种结局，无论是一代倾城逐浪花的香消玉殒，还是功成身退与范蠡一起泛舟湖上安度余生，终是意难平。爱恨一瞬，生死一念，家国天下难为的又何止她一个女子啊！

《西施采莲》构图新颖，具有创意，将西施在家乡采莲的情景与吴王绘于同一画面。湖水荡漾环抱着亭台楼阁，两位夫人倚栏垂钓，西施在湖面上采集莲花翩翩起舞，吴王在随侍的陪同下欣赏这美人美景，十分愉悦。画师丰富的想象力使得画面别具一格，增添了一些自在惬意。

西施采莲
Xishi Picking Lotus

文王爱莲

King Wen of Zhou Appreciating Lotus

长夏小暑，荷风中送来香气，生命迎夏生长。相传周文王生有百子，文王爱莲，百子戏莲。《文王爱莲》图充满着神话色彩。文王端坐在水榭亭中，池水、莲叶还有父子们的衣衫多用的是高贵中透着神秘的石青色，几处小儿身上的肚兜与亭台的檐柱采用朱砂色活泼点缀，雅致非凡。文王看着孩子们在池塘中游戏，喧笑打闹，一动一静对比强烈，无论怎样都是欢乐和谐。画面以大山为屏，清流为带，呈现出文王隐于成就的淡然之象和恬静之息。

夏日的暑热漫卷着一切，荷上莲花是时节最美的馈赠，风送莲香抚慰着人们烦闷的心情。小园台榭远池波，鱼戏动新荷。温和有情、随遇而安，此时情绪此时天，无事小神仙。

小暑手记

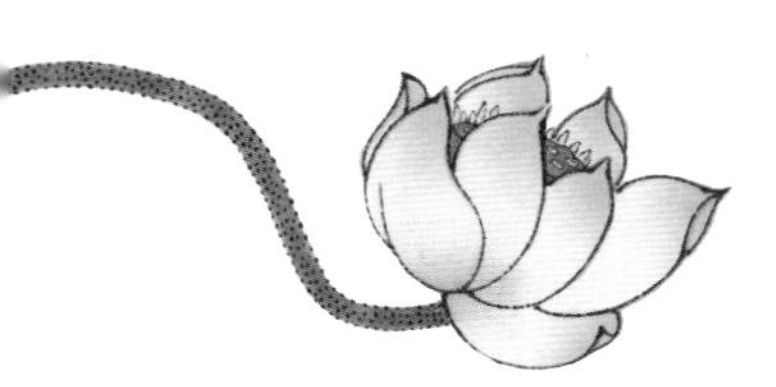

大暑·酷热至此盛

大暑节气正值“三伏天”里的“中伏”前后，处于一年中最热的阶段，伏天也被称为“桑拿天”，小暑大暑，上蒸下煮，蒸腾的感觉十分难耐。夏日恣意挥洒行使着手中最后的权利，空气中热浪翻滚，丝毫没有停歇的意思。然而这一切只是炎热最后的狂欢，在人们静静忍耐的时间里，它即将离开的脚步清晰可见。

时间缓缓流淌，夏夜寂静生光，微风拂过，小荷淡淡的香气丰富了闺阁女子此刻的美丽心情。农历六月二十五是荷花节，相传这一天是荷花诞生的日子。《荷亭消夏》色彩柔和，画面静美，远山近湖，亭台水榭。墨绿色的古柳依傍着满池的荷花，水榭四周绮窗绣户，湖心重檐水阁，刻有漏窗花墙，

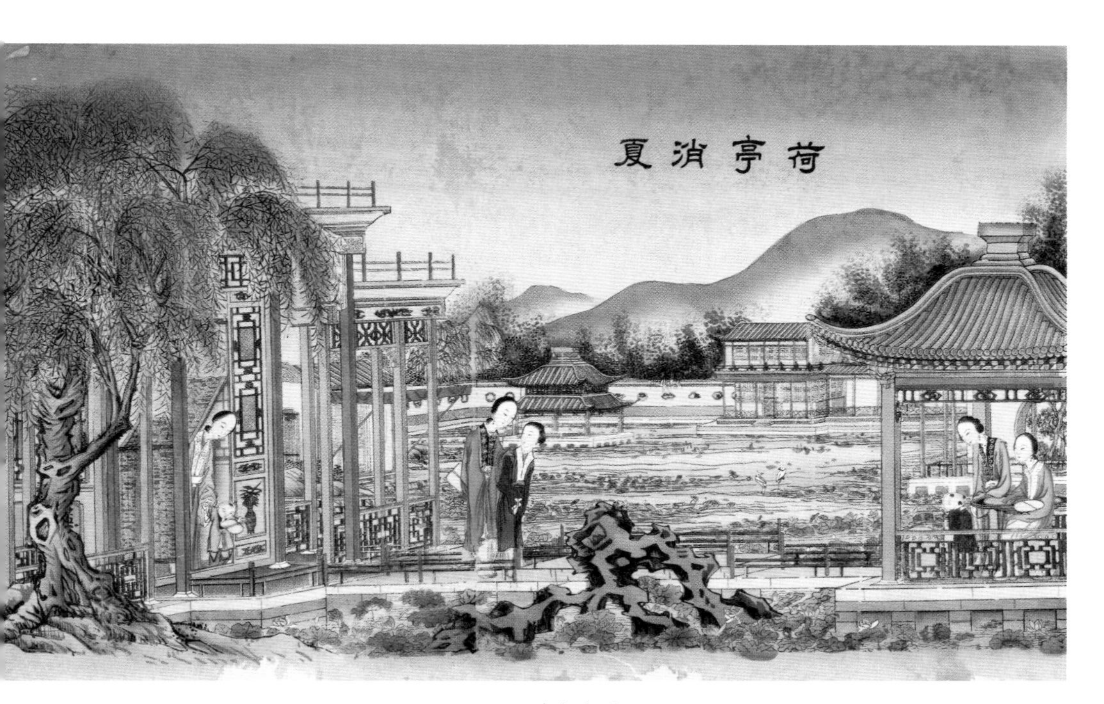

荷亭消夏
Summer Solace at the Lotus Pavilion

雕镂剔透，华丽精致。帘声轻响，女子牵着孩子正要从房中走出，孩子身上荷红色的衣衫，娇嫩好似水中花。玉石长桥上，仕女扶着侍女悠闲散步，“女伴穿花，晚凉待月去。东栏畔、暗香销暑。”两人轻步细语，笑意盈盈。生活有情趣的人，一讲就笑，四目有情。对面亭中的圆漆茶桌旁，一位蓝衣女子坐在那里摇着纨扇纳凉，身边的侍女照看着孩子，小小的人儿被湖心的仙鹤吸引，目不转睛，十分入神。荷风送香气，竹露滴清响，此时荷花风前暑气渐收，空气中送来一丝清凉。据说图上原有“晓阁濛濛散露华，早收菱匣换冰纱。双鬟迟到邻闺约，同去东湖看藕花”与“壬寅秋七月，津西桐轩高荫章作于雪鸿馆”的题句，堪称高先生的一幅力作。

福善吉庆

Fortune, Virtue, and Domestic Bliss

京西碧云寺
Biyun Temple in the West of Beijing

自古以来，人们深信积善之家必有余庆。《福善吉庆》融入了最传统的吉祥元素，左边两个童子情态活泼生动，手中的蝙蝠和扇子寓意“福”和“善”。右边的仕女面容娇美、温柔华贵，身边一个戴着金项圈的童子侧脸凝视着她，童子手中握着画戟，上方垂下一枚小巧的玉磬，寓意“吉庆”，侍女手持如意陪侍在另一旁。人物刻画精致、服饰华丽，屋内陈设富丽典雅，墙上有花开富贵的画卷，条案上的山水小屏风和宝瓶并立在一起，地上还有连枝的蜜桔，充满了富贵吉祥。福善人家，一望可知，享受着夏日宁静的繁华。

此时天气闷热，土地潮湿，连日的蒸郁的天气笼罩着一切。地处京西的古刹碧云寺依山而建，成为京城百姓的避暑圣地。碧云寺始建于元朝，清代一度为乾隆皇帝的行宫，是一座宏大的建筑群，现存我国最高的金刚宝塔就在这里。《京西碧云寺》图中的红墙黛瓦突出了寺庙的庄严，远处的佛塔间，阵阵祥云缭绕，飞向虚空法界。寺院外即是尘世的所在，各色衣衫的人们在行走游玩，三位妇人手中拿着式样不同的扇子，各自携带一名儿童悠闲地欣赏着周围的风景。有趣的是两个富家公子分别骑驴、坐轿相向而行，在人群中显得非常气派。垂柳下的几个人盘坐在绿荫中纳凉，高谈阔论声吸引一对父女驻足聆听。不远处有一座简易的茶棚为来往的人们提供了休憩的地方，谁不想在这暑天里游玩后坐下来喝一盏茶呢？清幽的寺院与喧嚣的尘世同在一个空间，给人的感觉竟然平平常常、自自然然。

山雨溪风晚未休，大暑时节，响雷伴随着时来的大雨暂时缓解了暑气。外出的人们最怕天气突然变脸，风雨骤来，归家的心情越发急切。《风雨归舟》描绘了狂风骤雨中的野塘横舟。船上两位学士模样的人冒雨归村，船头上考究的食盒清晰可见，想必是前一刻还在林间煮茶烹酒、听着泉水的清音，欣赏着天上的流云吧！一瞬间风云变幻，世事难测。在传统文化里，“风雨归舟”隐喻为劝诫处于动荡时局中的贤人在凶险不测来临之前能够及时避祸，回舟返岸。无论天气多么极端，希望每一位风雨归舟的人都能平安到达自己的家园。

大暑至，万物荣华。“疏星渡河汉”，“流年暗中偷换”，极热之后，即转为凉。在这酷热达到极致的日子里，无论是“裸袒青林中，露顶洒松风”的恣放，还是“散热有心静，凉生为室空”的禅意，都成为这繁盛时节里的心情。长夏无声，静候秋日微凉带给我们的惊喜！

风雨归舟

Homeward Bound Amidst Wind and Rain

大暑手记

秋
秋向此时分
雁将明日去

立秋·万物始成就

立秋是一年中的黄金分割点，凉气始肃，万物成就。“秋”字顾名思义，意指禾谷成熟。自周朝就有天子率群臣到西郊外迎接秋天举行盛大仪式的传统，感谢上苍馈赠金色果实。在宋代宫廷中，立秋这天要把盆栽的梧桐移入大殿之内，待立秋的时辰一到，太史官便高声奏到“秋——来——了——”，一两片梧桐叶应声而落，昭告秋天的到来，“叶落知秋”由此而来。

“白浪浮天远，黄云出塞秋。百年殊鼎鼎，万事只悠悠。”立秋意味着收获，意味着春华秋实、硕果累累。炎热的夏天终于过去，白露横江，清风徐来，

加官进禄

Promotion to a High Position with Higher Salary

气象意义上的秋天已经来临。经过了夏季漫长的炙烤，此时的人们精神爽朗，身心十分舒畅。

年画《加官进禄》色彩清朗，有着初秋的气息。芳庭院落景致疏阔，孩子们快乐地玩着游戏。只见一个小孩使劲牵着一辆四轮船形小车，车上放着一顶乌纱帽和一条玉带，动感十足。画面正中和他同样服色的童子戴着太子冠花帽，骑在鹿的背上，新奇有趣。身边的娃娃赤着胳膊、手举荷花，粉嫩可爱。下方一个绿衣童子高举着黑色官帽，寓意官上加官。院中古松苍翠，青石生苔，山石旁的女子微微俯身对身边的孩子说着什么。竹帘掀起，在母亲怀中的幼儿伸着小手，急切地探出身体想要融入到外面的世界，活泼的样子生动有趣。回廊里，美人娴静端坐其间。最里面，画师安排了一位端盏的女子，完成了整体视觉上的层次和立体感，她是不可或缺的人物。近处亭台内，女子温柔地陪伴着孩子，沉静安然。画作上方题有“荷池宴罢渐迎秋，禄进官加高阁游。

摘葡萄

Picking Grapes

摘葫芦
Picking Gourds

桂子连登三捷报，百年冠带总传流”，正是出自著名画师高荫章先生的手笔。

立秋时节早晚微有凉意，人们经历了漫长的夏天，身体消耗了很多能量，此时酸甜的食物可以增强肺气、打开食欲。应季的蔬果中，葡萄闪亮登场了。葡萄多籽寓意“多子”，有缓解疲劳和补血益气的功效，深受大众喜爱。年画《摘葡萄》真实生动，充满情趣。葡萄架下，一串串成熟的葡萄饱满鲜甜，大一点的孩子们欢快采摘，略小的孩子被母亲用带子牵在身边，着急地想要加入他们的活动，母亲笑容满面地看向身后挎着竹篮的女孩，愉快的心情充满了画面。

乳鸦啼散玉屏空，一枕新凉一扇风，夜晚的清风总是送来孩子们的欢笑声。葫芦架下，孩子们开心地忙碌着，《摘葫芦》画面中一个小小的身躯站着凳子上，一只手奋力拽着藤蔓，另一只手把摘到的葫芦递给下面捧着盘子的同伴；另外两个端送葫芦的小伙伴一个大踏步往前走，另一个显然是拿的太多，不仅用胳膊夹着，手里还有满满一篮，以至于一不小心坐在地上，引

天河配

Meeting on the Milky Way

得众人都看向他。女子伸出双手准备接过盘子里的葫芦，她身后的小孩轻松调皮地看着眼前的情景。这幅作品充盈了新的活力，寓意家族人丁兴旺、世世荣昌。葫芦籽众多且生长在弯曲缠绕的藤蔓间，连绵不绝，因“蔓”与“万”谐音，所以“葫芦蔓带”寓意“福禄万代”，象征子孙繁茂，吉祥绵延。

立秋恰逢“七夕”，这是民间传说牛郎和织女一年一度鹊桥相会的日子。传说天上的七彩锦霞是织女用飞梭织就的，天下女子在这一天都祈愿能像织女一样巧慧，因此又称“乞巧”“祈巧”。“银烛秋光冷画屏，轻罗小扇扑流萤。天阶夜色凉如水，卧看牵牛织女星。”都说秋天适合思念，其实秋天更适合见面。农历七月初七这一天的黄昏，正东而向的织女星正好升至一年中的最高点，旁边两颗较暗的星星位置正好形成一个朝东方开口的样子，望去正好可见牛郎星。正是这一清晰可见的天文现象，衍生出了一段神话爱情传说。

牛郎织女一年一度的鹊桥相会是七夕的主题，各种形式的绘画丰富多彩。这幅《天河配》画面中天宫巍峨，天规森严，牛郎手牵着一双儿女追赶到天上，被王母用金簪划开的天河阻挡，近在咫尺的织女瞬间又远在天边。盈盈一水间，脉脉不得语，从此幸福的一刻需要漫长的等待，每年的七夕才能短暂团聚。

戏曲年画《天河配》以京剧的表现方式创作，传统戏曲的艺术元素为年画提供了丰富的素材，无论是人物的服饰妆容还是故事情节都是画师的灵感来源，一些年画几乎可以看作是当时名伶演出的现场速写。织女袖口外的拂尘代表她神女的身份，也是人与神之间永恒的划分。

这幅《天河配》的画面瞬间将人带入神话的意境。仙女们下凡游玩在池

天河配

Meeting on the Milky Way

天河配
Meeting on the Milky Way

水中沐浴，织女却不见了彩衣，牛郎偷走了织女的彩衣快步离去。水中惊慌的织女伸手呼唤腾云而起的姐妹请求不要丢下自己，然而时间已到，众仙女无计可施只能无奈返回天庭。仙凡处处有禁忌，莽撞的年轻人，你的闯入终将带给自己和他人无尽的痛苦和思念。画面整体清亮，人物风景用的都是不同的浅色，是明朗轻快的画风。

在众多的七夕神话作品中，大多表现的是牛郎和织女被强行分隔的场景，以增强悲剧效果，少有呈现他们二人相会的甜蜜时刻。年画《登云近月》古朴神秘，旖旎奇幻，它的左侧正是描绘了牛郎织女相会时那短暂幸福的画面，二人诉说着离别的思念。长相思，摧心肝。

云天收夏色，木叶动秋声。立秋是收获美好的开始，承载着春生夏长的殷殷之情，在清凉的气息中感受秋日的静美。秋色连波，思绪在风中飞扬，不经意抬头，惊喜天凉好个秋！

登云近月

Ascending the Clouds and Getting Close to the Moon

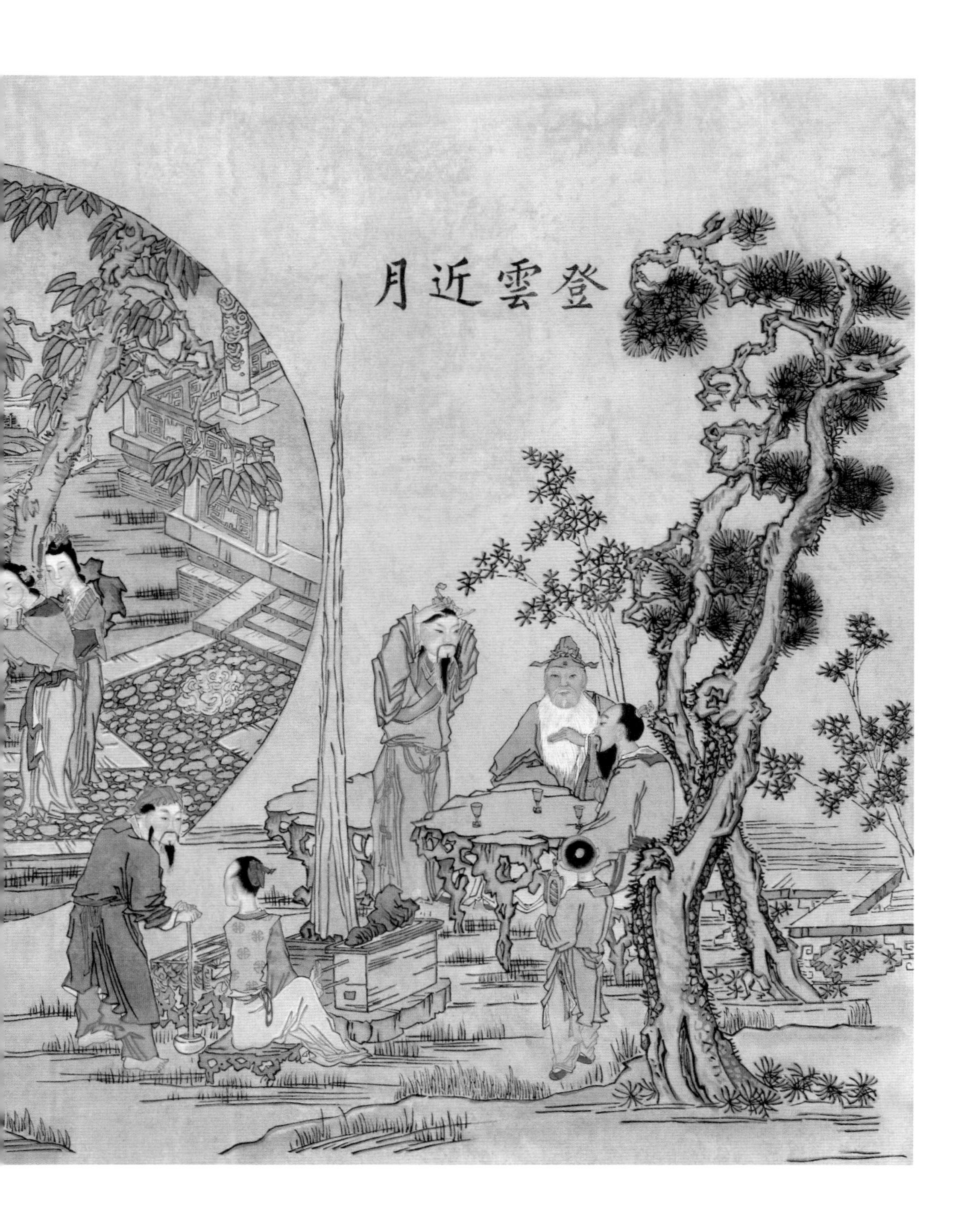
登雲近月

立秋手记

处暑·暑气至此止

处暑即为“出暑”，炎热离开的意思。处，止也，暑气至此而止，它的到来意味着气温由炎热向寒冷过渡，进入了气象意义上的秋天，炽热的阳气在此时伏隐潜藏以待来年。“三伏适已过，骄阳化为霖”，秋雨绵绵时分在不经意间到来。

处暑时节的天空湛蓝，薄云轻逸，不似炎炎夏日里的成团结簇，空气中热烈的味道还未飘远，天上的云彩已疏散自如，在这浅秋的时节里别有一番超然和洒脱。微风拂过脸颊温和舒爽，繁茂的树叶依旧葱郁，泛着幽幽的光泽。

离离暑云散，袅袅凉风起，人们的心境也变得舒适平静。空山梵呗静，岁月影俱沉。深山多古刹，梵语静人心。《古刹青山》画面里，初秋的青山

古刹青山
Ancient Temple Amidst Green Hills

天津紫竹林盂蓝（兰）圣（盛）会
Bon Festival Celebrated in Zizhulin of Tianjin

色如翠玉，一座庄严的古刹围绕其中。画师以俯瞰角度，呈现出寺庙整体建筑的宏大，足以证明这座佛寺历千年，经等待。朱红的山门隔绝了俗世的浮躁喧嚣，法堂、经阁的檐柱一并也是朱红色，在周围或深或浅的佛青色中显得更加宁静庄严。十方丛林，七堂伽蓝，四面群山环绕，树木枝繁叶茂。“处暑无三日，新凉直万金。白头更世事，青草印禅心。”晨钟暮鼓像是一句句的肺腑之言、谆谆教诲，天上的悠悠浮云随缘看着世间的风姿与道闲。

五谷丰登
Abundant Harvest

处暑适逢中元节，别称“盂兰盆会”，源于佛教“目犍连尊者救母”的故事，最早见于东汉初由印度传入我国的《佛说盂兰盆经》。目犍连尊者是佛陀的十大弟子之一，被誉为神通第一、行孝第一，他的母亲家中富有却吝啬贪婪从不修善行，死后随业力刹那间堕入饿鬼道。尊者成道后观见母亲受种种苦，于是用神通运饭给母亲吃，不料食物刚进到她的口中立刻化为火炭。尊者心中十分悲苦于是祈求于佛。释迦牟尼佛感其孝情，便教他于农历七月十五日建盂兰盆会，借供养十方僧众的力量让母亲吃饱食物，最终得以脱离苦道，超拔升天。这一天，各地的寺院会举行超度亡魂的法会，由僧人讽诵《地藏经》。这一天民间也会有祭祀祖先的各种仪式和活动，南宋以后又增添了夜晚放河灯的习俗。这幅《天津紫竹林盂蓝（兰）圣（盛）会》描绘了天津老百姓在紫竹林放河灯的场景。河岸上那庞大的整体建筑是法国

人建造的天主教堂，靠近河边那两个戴礼帽的西洋人是最好的证明。河道两岸聚集着男女老幼，十分热闹，他们驻足观赏讨论着铺满河面的那一盏盏明亮的河灯，大小船只轻轻划过，船上满载着放河灯的人，他们动作轻缓，生怕惊动了心中默默祝祷的声音。“事死如事生”是华夏民族朴素的生命哲学观，由此可见，中元节这一民间习俗不仅仅是对逝去亲人的哀思寄托，更是将孝养、普度、民间传统和宗教信仰的完美结合。

秋光初现格外清新，徐风吹过的一切仿佛都驻留在了心间。处暑之后秋意渐浓，人们即将迎来辛勤劳作后的累累硕果。《五谷丰登》照例是一幅对图，“春种一粒粟，秋收万颗子”。这是一组门童画，通常张贴在房屋内室的门上。“五谷”泛指主要的粮食作物，五谷丰登是大自然对土地的馈赠，更是百姓对丰收和富饶的祈愿，在传统文化中具有深厚的寓意。画中贵子头戴金冠，衬得面色熠熠生辉，他双手抱瓶，瓶内插着一枝盛开的牡丹，花中逸出大朵祥云，分别映出“五谷”与“丰登”字样。旁边的童子手提琉璃灯照明，二人喜笑颜开。画面色彩艳丽，人物形象丰满，具有独特的艺术风格和深厚的文化内涵。

处暑时节盛夏远行，愈来愈浓的秋意在天地间弥漫开来。此时的暑中亦有清凉，回应秋色明净的心情。薰风南来，微凉暗生，所有的情意皆在心上。人在谁边，静数秋天。

处暑手记

白露·水凝气始寒

白露时节，天气渐渐转凉，气温明显降低，燕子从北方飞回南方的故乡。清晨时分可以发现地面和叶子上有许多露珠，这是夜晚的水汽凝结而成的。古人以四时配五行，秋属金，金色白，故名“白露”。此时天清气淡，无处不闪着晶莹的光芒。露湿秋香，微香冉冉，寒沙带过浅流，芦叶铺满汀州。漫步在草地上、溪水边，隔着清冷的流水，内心似乎感受到了一丝清冷。

仲秋的傍晚天色微沉，黄昏的郊野岸边常常聚集着各行各业、形形色色的暮归者。《秋江晚渡》风景开阔，人物众多，展现了人与人、人与景、人与空间之间的微妙情感连结。京城外，古渡口，忙碌了一天的士子、樵夫、

秋江晚渡

Ferry Crossing on an Autumn River at Dusk

渔翁、花农以及行医和卜术者等围聚在水边，等待摆渡。读书人坐在自己的书箱上，微微抬起头欣赏这风雅时节，一旁的卖花老人头戴草笠，双手自然地搭在满是菊花的扁担上歇息，好像在与书生攀谈。挨着他们的是一位江湖医生，头上的宽檐大帽和肩上搭着的白布“钱插子”十分显眼。紧邻着他的是一老一少两个樵夫，满满的两担柴是他们今日的收获，心中的满足化作焦急的等待，更加归心似箭。岸边唯一的酒馆透着生意兴隆，外面凉棚的旗杆上高挑着一面酒旗“闻香下马”，另挂着几个葫芦形的店幌，分别写有“毛尖”“香片”“南路”“干酒”等招牌。棚下一对容貌娇美、服色鲜艳的母女饶有兴致地评赏花农的菊花。一个蓝衣老人背着幼儿踱着步，哄着眼前步履蹒跚的小孩子。酒馆门前摆放了台桌，一位行旅客商把驴系在树上然后坐下来歇息，只见他赤着一只脚踩在长凳上，调整到身体最舒适的状态，如此放松的坐姿，不知道他喝的是茶还是酒。茶博士双手搭在茶壶上，期待新的客人。酒馆窗户支起，双门敞开，屋内炉灶明火，刀案碗盘摆放整齐，里面的柜台上有一罐酒，红色的酒封却封不住浓浓的酒香。黄昏日暮，客人稀少，店家无聊地倚着窗口悠闲眺望，顺着他的目光，

秋庭戏婴
Playing with Children in the Courtyard

只见一个小牧童骑在牛背上放牧归来。牧童举着一根小小的树枝，枝头落着一只喜鹊，非常有趣，给画面注入了一丝灵巧气息。可见艺术是自然野生的，精细不遗阔大，阔大不失精细。秋水漫漫，雁阵南归，远山连绵，古岸生风。河面上一只客船满载行人，摆渡人用力划着船。最显眼的是那个卖绢花的小哥儿，两大摞方盒中装的是北京特产的绢花，成就女子鬓间万种风情。同船的还有几位商贩，妇女抱着孩子坐在船头，欣赏着推车里的盆花。作品将纷扰的世俗生活纳入文人墨客愁丝慨叹的意境之中，人与人之间有一种酥酥的温热，融合了人生态度，同时也增添了生活实实在在的味道。

白露时节，秋风送爽，闲适的生活处处都有小欢喜。《秋庭戏婴》是一组对称的仕女娃娃画，画中的人物和景致极度相似，以“对画”呈现。海棠开后的庭院花窗下、桂树旁，母亲温柔地陪伴着孩子玩耍。花木格窗在温馨的岁月里散发出真切的气息，皎洁的白，玉色的光。

天地玄黄，宇宙洪荒。上古时期，连绵的秋雨经常会引发凶猛的洪水，舜帝委派禹率领民众成功治理水患，留下大禹治水的千古功绩。《禹王治水》

的人物形象是以传统戏曲形式描画的，禹王身穿帝王服饰带领随从来到河边视察河堤，将坐骑“龙龟”拴在树桩旁。龙龟，龟身龙形，作为上古神兽之一，曾经驮着大禹在汹涌的波涛中穿行，为大禹治水贡献了非凡的力量。侍从手牵一匹红棕色的宝马，毛如丝缎，姿态健美。对岸的几个人显然对一只奔跑的鹿和山洞里的老虎产生了兴趣，一心想要捕获它们。图中小桥边的两个女子是大禹的妻子和侍女，传说大禹在治水途中遇到涂山氏女娇，娶为妻子，她的真身是九尾白狐。涂山氏帮助大禹在治水的过程中日夜辛劳，最终献出了自己的生命。

白露期间，太湖渔家会举行祭祀大禹的盛大的仪典，祈求他护佑一方平安。《禹贡》记载大禹疏通三江，使得震泽底定。“震泽”是太湖的古称。相传大禹治水是由北而南，从黄河而至江淮，最后在太湖将兴风作浪的鳌鱼

禹王治水
King Yu Combating the Flood

庆顶珠
The Qingding Pearl

镇于湖下消除了水患，被当地人尊称为“水路菩萨”。每逢祭祀大禹，当地人都会举办盛大的庙会，打锣鼓，唱大戏，热闹非凡，其中经典剧目《打渔杀家》（又名《庆顶珠》）是必演的一出戏。故事讲的是梁山好汉阮小七化名萧恩与女儿桂英打渔为生。故友李俊引友人倪荣来访，同在船头叙话。当地渔霸丁自燮差人来讨渔税，被李俊、倪荣斥回。丁自燮不甘，派出护院教头到萧家催讨，被萧恩打跑。萧至县衙告状，反被责打四十大板，县官逼他连夜向丁自燮赔罪。萧恩忍无可忍，与桂英以献宝珠为名，夜入丁府，将其灭门后逃走。图中所绘的是萧恩与女儿桂英在江中撑船打鱼的一幕。戏剧启悟人生，寄托了人们对美好生活的祈盼。

“蒹葭苍苍，白露为霜”，白露寒秋将凝结的思绪绾成心丝。清晨散马蹄，渐知秋实美。岁月缱绻中，人生的脚步百年深纵，未曾停歇。

白露手记

秋分·昼夜均分时

秋分是秋季的中分点，“分”为“半”之意。秋分当天日夜时间均等，此后黑夜渐长而白日渐短。晨曦中烟光凝聚，天空通透干爽，飞鸟掠过，没留下一点痕迹。秋分宜人，天清气朗，白云清风，万里江山，平分秋色。

秋高气爽，燕子在空中开心地歌唱，农家迎来了丰收的时节，《同庆丰年》画中一片繁忙景象。农人们老少齐上阵，牵牛轧场，连孩子都来帮忙。老人看着眼前高高扬起的稻谷，心里充满了满足和喜悦，远处年轻的农夫担禾而来，辛勤的劳动成就了结实的意义。少妇背着幼子，老妪携着儿童走出门来，她们身后门内的小姑娘向母亲要求一同出去。秋得万宝，同庆丰年，美好的时节，所有人都有好心情。画面构图立体丰满，绘画透视效果强烈，两排错落有致

同庆丰年

Celebrating a Bumper Harvest

菓（果）仙敬月图

The Fruit Fairies Worshipping the Moon

的村舍中间，蜿蜒的小溪潺潺流过。这幅作品出自著名画师高荫章先生的手笔，题诗来自康熙皇帝的诗作“年谷丰穰万宝成，筑场纳稼积如京。回思望杏瞻蒲日，多少辛勤感倍生。”感叹稼穑的艰难，欣慰收获的如愿。

农历八月十五是传统节日中秋节，皓月当空，圆圆满满明亮着夜晚。秋分曾是传统的“祭月节”，自先秦时期就有“春祭日，秋祭月”的传统，逐渐发展演变为现代的中秋节。这样团圆美好的日子，一定要有美丽的神话故事来丰富心情。中秋节，奇妙夜，《菓（果）仙敬月图》中，嫦娥和玉兔在月宫里若隐若现，青女和素娥并立在桂树下放着华光。空中仙云阵阵，一众仙人笑容可掬地朝着月宫的方向而去，他们手捧各色鲜果，为月神太阴星君庆贺生辰，苹果、梨、杏散发着鲜甜的香气。其中最醒目的当属南极仙翁，他手捧一个硕大的仙桃，象征道家的长寿无极。钟馗司掌石榴花，他手中的石榴颗颗饱满，鲜红多汁，寓意幸福圆满。最可爱的是下方五个小仙童，他们每人手里拿着一粒葡萄，围在一起，俏皮可爱。天上一轮才捧出，人间百姓仰头看。高台上一家的主妇正在带领着全家女眷举行拜月仪式，桌上摆满了香烛和供果，她默默祝祷，希望虔诚的心愿被仙人感知，这一刻人仙共情，达到极致。

据逸史记载，天宝六年的中秋佳节，月光清辉，撒满大地，精华难掩，影娟魄寒，唐玄宗突发奇想，欲往月宫畅游一番。道士罗公远于是做法，请他在卧榻小憩一会儿，恍惚间玄宗的神魂便来到了广寒宫。年画《唐王游月》描绘的就是这一情景，仙雾缭绕中一位仙官引着李隆基来到月宫，身后的辅、

唐王游月
Emperor Tang's Moonlit Stroll

拱向蟾轮

Worshipping the Moon

弼两位星君表明了他人间帝王的身份。上方还有飘然而来的各路星宿神君笑意盈盈迎接这位唐王。月宫里玉阶前，仙乐飘飘，仙娥起舞，美妙绝伦。唐玄宗精通音律，他醒来回忆起月宫仙子吹奏的乐曲和曼妙的舞姿，创作了著名的《霓裳羽衣曲》。“渔阳鼙鼓动地来，惊破霓裳羽衣曲。”美好总是在不经意间转瞬，繁华短促所以永存。《霓裳羽衣曲》是音乐史上的经典，展现了唐玄宗对音乐的极高造诣，丰富了中秋节的文化内涵。

中秋佳节夜空清朗，月至中天流光溢彩，《拱向蟾轮》展开了女子拜月的优美画卷。拜月台上，焚着斗香，秉着风烛，陈献着各色果品。桂花树下，一个少女虔心礼拜祈福，身边的两个小男孩也学着她的样子，十分有趣。两位妇人微笑着站在女孩身后，身体微微趴在山石上似乎在悄声交谈，回廊下月洞门前，拄着拐杖的老妪白发苍苍，照顾着两个顽皮的孩童。画面整体清亮柔和，桂花流瓦默默讲述了女子一生的光阴。唐诗有“蟾轮何事色全微，赚得佳人出绣帏”，以“蟾轮”喻指八月十五的圆月。

八月中秋，盛开的桂花在微风中清甜阵阵，香气氤氲，令人心神荡漾。桂花香远性柔，是李清照笔下的“何须浅碧轻红色，自是花中第一流”。《丹桂高攀》取材于宋代一首对于文韬武略的赞美诗，其中“丹桂高攀霄汉迥，捷书西下姓名香”寓意一个人的事业成就达到顶峰。图中人物以戏曲服饰装扮，台阶上端坐着一位留着三缕长髯的中年男子，身后背着靠旗，身下座椅上铺着整张虎皮，显然是个征战沙场、功勋卓著的将军。他手持一柄长长的如意，身边的侍从高举宝瓶，取平安之意。瓶内插着一只戟，悬挂着“鱼”“磬”等吉祥的物件，寓意“吉庆有余”。树上的童子攀得桂枝，树下散落着铜钱、宝珠，桂花的精魄闪耀着光芒，柱上一条蟠龙栩栩如生，张开的龙嘴像是在宣告主人名扬四海。

丹桂高攀

Children Climbing the Osmanthus Tree

连生桂子
Plentiful Osmanthus

团圆美满的日子里，人们喜迎丰收。作品《连生桂子》以斗方形式呈现，菱形画面有着别样的生动，常常用来挂在影壁墙上，十分精美。桂花铺着一个满满的“福”字上坐着一个可爱的娃娃。他一手托着笙，一手拿着盛开的桂花,左右各有一朵白莲衬托着他娇嫩的脸庞。下面用的是“卍”字不到头边纹，寓意吉祥不断、万福万寿。“莲生桂子”寓意“连生贵子”，画面花团锦簇，层层寓意的叠加把所有美好的祝愿凝聚在一起，承载着一个家族生生不息、万事如意的殷殷之情，深远绵长。

金气秋分，桂子飘香，澄净的夜空月华如练，平静地洒向湖面，于秋色中静立倾听来自心底的细语。但愿人长久，千里共婵娟。

秋分手记

寒露·气寒露华浓

寒露到来，人们感觉到了明显的凉意。“露”是天气由热变凉的温度表现，露气寒冷将要凝结为霜了。此时北方已呈深秋景象，白云红叶，偶见早霜，南方秋意渐浓，蝉噤荷残。《诗经》说“七月流火，九月授衣”。随着寒意渐深，大自然的步伐迈入了深秋季节。

寒露菊芳，屡屡冷香，菊花清隽的风姿和凛然西风不落的傲骨，为时节平添了一丝辛冷的味道。菊花雅称“寿客”，号“隐逸者”，与兰花、水仙、菖蒲合称“花草雅”。秋丛轻绕舍，篱边日渐斜，赏菊源于晋代的田园诗人陶渊明，他隐居乡间，过着“采菊东篱下，悠然见南山”的闲适生活，令菊花有了“花中隐士”的称号。

《安居乐业》同样是以景寓情的绘画特点，表达了人们在这收获季节里

安居乐业

A Stable Life and a Happy Career

最朴素的心愿。绽放的菊花好像怒放的生命，饱满的精神是深秋时节最耀眼的光芒。大片的叶子像聚集在一起的羽毛，迎着秋风而动。秋蝶戏飞，在花间起舞，落叶轻轻，五色鹌鹑悠闲自在地享受着时光的安宁，寓意“安居乐业”。整幅画面清亮宜人，融融冶冶重叠了秋光。

青山薄暮，绿水新晴，南京城外燕子矶的风景优美独特，巨大的矶石耸立江上，三面临空，形似燕子，展翅欲飞。燕子矶是古代的重要渡口，是金陵四十八景之一，弘济寺、观音阁等名胜古迹依傍而建。江水日夜冲击拍打着悬崖绝壁，形成岩山十二洞，洞中深广曲折。矶顶有一座碑亭，上面刻着乾隆皇帝御笔“燕子矶”。画面整体设色以银朱石绿为主，效果鲜明，浅碧深红处处逢，松柏苍翠衬着新红的枫叶，红碧之间，格外利落。远处有玲珑宝塔，近处有佛寺殿堂，飞阁凌空，凉亭望水，别开意境。岸边的一座石拱

燕子矶

Swallow Cliff

晴川阁重阳节登高图

Climbing High on the Double Ninth Festival

桥同样精巧华丽，朱漆雕栏是否还记得从此经过的天涯路人呢？寒波澹澹，清景无限，轻轻地说着西风传来的消息。

“草色多寒露，虫声似故乡。清秋无限恨，残菊过重阳。”农历九月初九是中国传统节日重阳节，这为寒露时节增添了一抹温馨的色彩。在这一天，人们登高祈福、插茱萸、赏菊花，在诸多习俗中，祭祖和敬老最为重要，它们见证了华夏民族的延续传承。《晴川阁重阳节登高图》描绘的是晴川阁上热闹非凡，人们在重阳节庙会尽情游玩的场景。晴川阁，位于湖北省武汉市汉阳区，北临汉水，东濒长江，因唐诗“晴川历历汉阳树，芳草萋萋鹦鹉洲”而得名，有“三楚胜境”和“楚天第一楼”的美誉。画中人物众多，男女老幼相携而行，神情愉悦，享受这秋日难得的盛景。秋光一色，菊有黄华，到处可见寒香阵阵、凌风怒放的菊花。游人们都被深深吸引，驻足欣赏。卖花郎手扶着花担有些陶醉，站姿竟然有些女子的婀娜，令人忍俊不禁。另一个引人注目的人是他身后的店家伙计，只见他站在店主人旁边满脸堆笑，热情

藕香榭吃螃蟹
Eating Crabs in the Lotus Pavilion

地抬手，召唤着生意，是花团锦簇的节日里不可缺少的烟火气。

秋风起，蟹脚痒，中秋节前后，肥美的河蟹开始登场。河蟹的美味与其他海鲜不同，蟹肉、蟹膏、蟹黄和蟹子每个部分有各自的鲜味，大腿肉丝短纤细，味同干贝；小腿肉丝长细嫩，美如银鱼；蟹身肉洁白晶莹，入口清甜。蟹黄和蟹膏浓郁香醇，蟹子曝干后滋味更是妙不可言。螃蟹味美性寒不宜多食，食用时须佐以黄酒和姜醋汁以散寒气。食用后如何去除手中残留的气味呢？《红楼梦》书中介绍要用“菊花叶儿桂花蕊熏的绿豆面子”洗手，具体方法是将绿豆磨成粉，和菊花叶、桂花蕊密封在一起，熏染上菊花和桂花的清香，洗手后腥味全无，散发着淡淡的花香，真正做到了将饮食融入文化之中。《红楼梦》第三十八回详细描写了贾母带领众人在大观园的藕香榭中赏桂花、吃螃蟹的热闹情景。《藕香榭吃螃蟹》基本上会集了书中描写的所有在场人物，这幅画作是按照典型的清代服饰创作的，端坐在正中的贾母慈祥中带着威严，胸前的朝珠彰显出命妇的尊贵身份。画中的景物刻画得极其精美，盖在池中的藕香榭，四面有窗，左右有曲廊可通，跨水接岸，暗接着后面曲折的竹桥。远处的岸上，宝、黛、钗三人所居的“怡红院”“潇湘馆”和“蘅芜苑”几座院落紧邻，匾额清晰可见。

《薛蘅芜讽和螃蟹咏》取材于《红楼梦》的同名回目，吃过了螃蟹，宝玉提议作诗，众姐妹纷纷写下自己的诗句，最终以薛宝钗的《螃蟹咏》最受推崇。螃蟹多钳又是爬行类，因此常常用来形容横行霸道的人。诗中“眼前道路无经纬，皮里春秋空黑黄”讽刺得酣畅尽致，被众人称赞为“食螃蟹绝唱”。

寒波澹澹起，白鸟悠悠下，夕阳掠过墨绿色的原野，深秋的意境更加深远。秋光增色，秋景无限，时节退去了繁华浮想，真实的喜悦坚定了生活更加美好的信念。

薛蘅芜讽和螃蟹咏

Xue Baochai's Poem on the Crabs

寒露手记

霜降 · 气肃霜始降

霜降，秋季到冬季的过渡节气。自霜降始木叶尽脱，冬日渐近，此时的天气更加冷了，露水凝结成霜。天气肃清，繁霜霏霏，黄河流域呈现初霜景象。万物萧瑟中，人们开始为冬日做准备了。

霜降后人们的生活逐渐闲适起来，享受着辛劳带来的丰厚回报。时节正在和一年中最后一个季节交替，时间行走，希望永恒，《四时如意》表达了人们对平凡的日子最简单朴素的心愿。画中的娃娃面容丰满，紫霞飞光，

四时如意

Fulfilling Wishes in all Four Seasons

鸡声茅店月　人迹板桥霜

Traces of Travelers

笑得心满意足，两边翘起极为细小紧实的辫子，垂下的两根红丝带增加了画面的动感。他的坐姿舒适，两只手分别托着元宝和如意，最耀眼的是左右各有两个连着枝叶的柿子，颜色鲜艳、饱满光滑，象征平安富贵、四时如意。

山经秋而转淡，秋入山而倍青，暮秋时节的霜色越来越浓重。“霜降见霜，谷米满仓”，人们忙着完成秋收的最后工作，即将进入冬闲时段。作品《鸡声茅店月 人迹板桥霜》出自唐代温庭筠的《商山早行》一诗，画中描绘了北方地区霜降时节行商贩卒们在天光微明时分离开山村茅店，匆匆踏上归程的情景。鸡叫声声催促着未落的一弯残月，袅袅炊烟为旅客心中融入了暖意。店门前，三只小毛驴驮运着粮食，走得慢的难免要被头戴毡帽盔的主人赶上两鞭，后面一个肩上搭着布袋的年轻人紧紧跟随，一旁的店主人微笑送别辞谢的客人。画面中间，两个肩上分别扛着包袱和口袋的人边走边聊，不知是否同乡一路。旅店山墙下的长杆挑起一个笊篱，下面系着红布彩条随风舞动，点明了旅店字号。前面的凉棚搭架上悬着一盏照明灯笼。店内高高堆叠的草垛上，一只公鸡高声啼叫，屋上的黑猫安静地望着端着碗盆正在走来的伙计。画面左边的房屋土壁围绕，露出山墙一角，两个帮工贩粮的人在相互问路赶着行程。不远处一座小小的板桥横跨水面，一个书生乘着马缓行，紧随其后的是一位骑驴的老农，他们身后那推着独轮小车的运粮人在吃力前行。行人远处有行人，走在最前面的两人加快了大家共同追赶的脚步。远方烟岚雾霭，水色苍茫，露珠凝成霜，藏在草丛中，漫在山路上。交通不便的年代行旅艰难，努力的生活始终温暖着这有情人间。

北方的深秋厚重清冽，霜降作为大自然最严肃的时节深沉凝视着大地上的山川河流。京杭大运河，最古老的运河之一，延用隋唐大运河，改道并裁弯取直，是世界上里程最长、工程最大的古代运河，作为京城的漕运

运河秋景
Autumn Scenery of the Canal

芙蓉莲余
Glory and Abundance

枢纽，被称为“运粮河”，沿岸商贾云集。绘制于清代的《运河秋景》有一种秋水含山融为一体的视觉感。空中秋云散漫，一行大雁优美飞行。近水处有一艘货船，满载着一袋袋紧紧扎好的粮食。两个船夫奋力划行，船即将靠岸，岸边船夫用力拉纤，四人合力把船泊到岸边。冬日即将到来，他们必须要在运河结冰前完成所有的运输任务。运河，蕴河，丰厚了这片土地的文明和宝藏，承载着独特的地域风情，流向历史的深处。

霜降时节万物萧索，唯有芙蓉花凌霜开放。年画《芙蓉莲余》集聚了所有美好的祝福。“芙蓉”象征“福”与“荣”，寓意“富贵荣华”。娃娃手中的莲蓬像托起的一枚玉盏，他怀抱一尾肥美的大鱼，鱼鳞好似层层波浪闪着金色的光芒，寓意“连年有余”。两朵芙蓉花的花瓣层叠开放，呼应着花叶般的鱼尾，使画面立体饱满，活灵活现。作品色彩温暖艳丽，极具感染力。

秋日将尽，满阶的红叶是时光的洒落。水流深涧，风落木归，自然界的万物回归本源。岁月的年轮转动不停，感谢时节的馈赠给予我们新的希望！

冬
冬，终也
万物藏也

立冬·万物始收藏

立冬与立春、立夏、立秋合称四立，是最早测定的节气。冬是终了的意思，是万物收藏的季节。这一天，漫长而寒冷的冬季正式来临了。古代的立冬日，天子会率领群臣到北郊迎接冬天，举行盛大的祭祀仪式，民间也会在这一天祭祖。“冬”是“终”的本字，甲骨文为象形字，古代先民在线的两端都打上结作为冬的形象，指代一年的最后一个季节。

自立冬始，大地枯寒，万物冬眠。北方地域随着阵阵寒风扫过温度大幅下降，塞外漠北已见初雪，能够深切感受到季节转换时的寂静空旷，天地在

文姬归汉
Cai Wenji's Return to Han

缓慢地磅礴运行。北国风光，长城内外是边塞将士的豪情壮志，也是柔弱女子的悲情人生。《文姬归汉》图描绘的是真实的历史故事，展现出了画师精湛的绘画技艺。蔡文姬，名琰，字文姬，东汉著名学者蔡邕之女，汉魏时期杰出的文学家和音乐家，史书给予她的评价是“博学有才辨，又妙于音律”，年少时她仅凭倾听就能精准判断哪根琴弦折断，令她的父亲非常震惊。蔡文姬早年丧夫，归家不久又遭战乱，辗转流落至塞北，在异族生活了十二年之久，为匈奴左贤王生育了两个儿子。多少个夜晚，她望着草原上那广阔的星空辗转入眠，白狼河阻断了归乡的梦，只有被河水搅碎的思念，直至曹操以重金赎回，她才得以回归中原故土。文姬归汉后写下了著名的《悲愤诗》，这是第一首自传体的五言长篇叙事诗，是苦难亲历者的放声悲歌。这首以血泪凝聚而成的诗作，后来被唐人演绎成了著名的古琴曲《胡笳十八拍》。

作品呈现的正是蔡文姬与儿子诀别时的一幕，这一刻既是生离又是死别，还乡的喜悦瞬间被淹没，我们无法想象她内心是怎样的撕裂悲苦。雪山千古冷，高飞迁徙的雁群投射出文姬归乡的心情。使臣持节在前面骑马缓行，文姬神色凝重和侍女在马背上回头看着身后众人，作最后的告别，而她目光所及唯有两个孩子，小儿子在仆人怀中咿呀扑向母亲，他并不知道此刻的自己正在经历人生的大苦痛。大儿子被父亲揽在怀里，背对着看向母亲，似乎没有太多不舍之情，以他的年纪，还无法理解眼前发生的事情，他的内心应该是迷惑矛盾的，不知道会不会认为是被母亲抛弃而感到怨恨呢？左贤王面色冷峻，于他而言，只要留下孩子，其他种种无关紧要。帐篷外有匈奴人正在忙着整理骆驼背上的货物，一位老者抽着烟袋，淡然地看着这所有的一切，人生岁月告诉他没有任何事可以在他的内心激起波澜。图中的人物和景象异常逼真，充分体现了木版画的独特性。画的表面略微凸起，使雪山和树木呈现出不同于传统画平面纹理光滑感的木料本身肌理的真实质感，视觉上感受到的起伏使得内容层次更加明确清晰，工艺之美令人惊叹！

冬三月是养藏的时节，忙绿了一年的人们全面开始了休闲娱乐时光，寒虫（冬蝈蝈）为漫长冬日带来了很多乐趣。《顶上圆光》画面生动明快，人物活泼可爱。雪白粉红的娃娃翘起一只腿半坐在地上，手中拿着一个瓶状的蝈蝈葫芦，上面描绘着山水人物风景，非常精美。一只长须翠绿的蝈蝈跳到娃娃圆圆光滑的头顶上得意地鸣叫。画师匠心独运，将蝈蝈的身体和风景用以同样的颜色，使它仿佛来自葫芦里的山水世界。蝈蝈的繁殖能力极强，《诗经》说“螽斯羽，宜尔子孙”，有子嗣繁茂的寓意。画中左右各有一颗白菜与萝卜，既是美味的应季食材，也象征着财富和平安。

顶上圆光

The Katydid Jumping out of the Bottle Gourd

戏蝈蝈
Playing with the Katydid

作品《戏蝈蝈》反映了真实的生活气息，三个男孩儿在开心地玩耍，手里各自拿着自己的蝈蝈。与另外两人的圆形蝈蝈罐子不同，红衫男孩提着的是一个方形竹编镂空的蝈蝈笼子，里面的蝈蝈一眼可见。他笑着指向地上的一只颜色翠绿的蝈蝈，我们可以猜一猜，它是从哪个罐儿里跑出来的呢？画面清亮，动中有静，他们身后的盆景中垂下来长长的香蕉叶，带来了温暖的气息；另一边那小巧玲珑的石头盆栽有着一种天然的质朴，增添了些许返璞归真的味道。

初冬的景色有几分寒凉，疏木绿黄，万物收藏。时节赋予了我们骄傲和安宁，饶有情致的生活让寒冷生出了暖意，此时的敛性静默是面对来日欣旺的从容等待。冬日既来临，春日应未远。

立冬手记

小雪·气寒凝为雪

农历十月天地积阴，寒气使落下的雨凝为了雪，黄河以北飘洒的雪花落地很快就融化了，还不能形成积雪，小雪节气的到来表示寒未深而雪未大。此时冷空气势力加强，西北风骤起，气温逐渐降到零摄氏度以下，北方地区已经十分寒冷，而南方各地才陆续进入冬季，初冬的景象并不明显。

冬季是“养藏”的时节，道家认为“负阴而抱阳”，太阳升起时有利于阳气潜藏，阴精蓄积。药王孙思邈在《修养法》中说：“初入冬时，宜减辛苦，

药王卷
Sun Simiao

闲忙图
The Leisure Time in Winter

以养肾脏。”少吃辛辣和苦味的食物，从日常饮食到身心活动都应少一点辛苦。孙思邈是唐代医学家、道士，中医医德规范“大医精诚”的制定人。孙思邈不仅精于内科，而且擅长妇科、儿科等，他非常重视妇幼保健，开创了后世医学工作者普遍重视研究妇幼疾病治疗的传统。孙思邈非常讲求预防疾病的观点，坚持辨证施治的方法，认为“人若善摄生，当可免于病”，被尊为“药王”。他的医学巨著《千金方》是中国历史上第一部临床医学百科全书，被国外学者推崇为“人类之至宝”。

《药王卷》取材于民间传说，以传统戏曲的形式表现。故事的起因是孙思邈在回乡路上医治好了一只猛虎，后来东海龙王有病求治，幻化成白衣秀士阻挡住他的道路，孙思邈识破后让龙王现出真身，为它治好了顽症。龙王十分感激，于是指点孙思邈去到山中修炼，最终得道成仙。画中头戴鼓王帽、身穿蟒袍、手中挥着拂尘的正是药王孙思邈，身后看似凶猛的银色神兽显得有些乖巧，青衣童子捧着一个鲜艳的红色药盒，非常醒目。龙王化成的秀士，身着淡蓝色的上衣，透着水泽的灵秀气息，紫色的下裳暗示了身份的尊贵。他从容地坐在椅子上,这位来自灵界的海中之王傲慢地看着眼前的人间药王，显然在质疑他的医术，身后的巡海夜叉虽然面相凶顽却显得丑萌有趣，很有意思。

初雪欲来的时节天远高寒，稀薄的空气透着冷光，弥漫着朦胧的气息。虽然进入了冬闲阶段，勤劳的农家珍惜时间，仍然在劳作。他们纺纱织布，搓麻成绳，静待来年所期盼的生活。这幅《闲忙图》顾名思义描绘的是闲中有忙的情景，一间房舍石砌墙基，粉石灰壁，山墙一面开窗支起布棚遮阳，通透明亮。一位穿着香色衣衫的妇人临窗坐在织布机前，掷梭织布，屋内陈设极为简朴。窗外衰草苍石，青松挺拔，一个绿衣幼童伸手将一双布鞋递向老人。坐在长方矮凳上的老人头戴鸭尾毡帽，身穿粗布袄裤，屈起一条腿，蹬起一只脚，口衔麻缕，捻麻成绳，为的是缝鞋制履补贴家用。远处几家农舍蜿蜒错落，池水结冰，平滑如镜。画面古朴清冷，有着初冬的寒意。人物衣衫的用色蕴含了作者的心意，翠绿象征初始，那鲜活的生命力。香色沉稳宁静，代表生命成长的厚重。而老人和周围的自然景色融为了一体，寓意人生岁月漫长，终将回归天地。

时节如约，如期而至。“忽如一夜春风来，千树万树梨花开”。小雪初晴，映衬着冬日温阳的星星点点，一切自然的馈赠皆敛藏于此。岁月悠悠，于寂寥闲中过，以流年祝苍华！

小雪手记

大雪·雪至此而盛

大雪节气标志着仲冬时节的开始，天气更加寒冷。在强冷空气的作用下，北方大地普遍降下大雪，甚至有暴雪出现。俗语说“瑞雪兆丰年”，此时厚厚的积雪覆盖着大地，为农作物创造了良好的越冬环境，积雪融化润泽了土壤，使得来年的春季生长殷殷可期。

大雪纷飞，银白色的天地一片纯净，远处山峰绵延覆盖着厚厚的积雪，像是伏卧的白象。雪后初晴，空气凌冽清新，人们兴奋地来到屋外，感受这洁白明亮的世界。《瑞雪丰年》真实地展现出雪后的宁静与惬意。大富之家阔大精致的庭院中，孩子们在玩耍嬉戏，两个男孩在房前用积雪堆起一个非

瑞雪丰年

Auspicious Snow Promises a Good Harvest

常大的雪狗，还认真地为它安上了黑色的眼睛，形象逼真。另外两个年纪相仿的孩子忙着清扫雪地，一个在使劲扫，一个在用力铲。九曲回廊移步易景，妇人扶着幼儿立在廊下，享受着美好的亲子时光。还有个小孩子蹲在地上，拿着手里的松枝在雪里图画。屋子里，年轻的母亲怀抱幼童掀开帘子欣赏着院中的雪景。孩子无惧寒冷，他手指屋外，迫不及待地想要出去。院中大雪覆盖下的松树和竹子依旧葱郁挺拔；梅花傲雪，不减清香。以“岁寒三友”丰富背景，深化了年画的人文意境。画面题诗“一时快雪喜晴烘，游戏场中六七童。好趁仓盈庾亿地，何妨白战补天功”，道出了人们对瑞雪兆丰年的深切向往。

小雪封地，大雪封河，寒夜里风雪急舞为乡间村郭披上了银装。一夜北风紧，开门雪满山，白茫茫的天地寂静而旷远。《击壤图》中，雪后尚未放晴的天空还有些阴郁，临水而建的房舍紧密相连，河面结着厚厚的冰层，四

击壤图
The Game of Beating the Wood

抟雪成佛
Making a Snowy Buddha

野无人，银装素裹。近处三个孩子正在玩“击壤”，击壤是古代的一种的游戏，把一块鞋子状的木片侧放在地上，在距离三四十步处用另一块木片去投掷它，击中者为胜。他们的衣衫色彩鲜明，映衬着白雪。身穿红色袄裤、罩着绿色坎肩的男孩挥起一根木柴准备击打。蹲在雪地上、摆好木柴等待对方来击的男孩头戴暖帽，蓝色的棉袄、红色的裤子明亮温暖。他身后的孩子刚刚摆好了游戏的木条，站起身来呵手取暖，通身冷色调的浅紫色衣裤更显得他瑟瑟发抖。冬日寒冷，击壤游戏让小伙伴们在一起互相配合，身体和意志都得到了锻炼，是一项非常有益的户外活动。房后酒帘高挂，一位行商小贩装扮的男子揣手盘腿坐在货箱上，一只看家黑狗冲着他狂吠。离他不远的地方，有个孩子独自放着风筝，他抬头仰望飞向高空的蝴蝶纸鸢，牢牢地掌控着它的方向，衣衫和风筝是同样的用色，振翅高飞的是风筝也是人生。

一场大雪的降临总能带给孩子们欢乐。《抟雪成佛》画中的一户人家，

抚婴图
Maternal Affection

母子们在门外开心赏雪，两个孩子在树下用厚厚的积雪堆起一尊笑口常开、大肚能容的弥勒佛，精心为雪佛画上了眉眼。一个孩子双手提着一篮雪走来，身边的母亲微笑地注视着他们。另一位年轻的农妇背着一个幼儿，膝前稍大些的孩子兴奋地指着面前刚刚堆起的雪佛。传说弥勒佛是未来佛，一家人祈愿来年的生活更加美好。房屋的外观刻画得非常细致，年久的土墙随着部分墙皮的脱落露出了青砖，窗棂严密牢固，乌漆大门上张贴的下联赫然写着“清白传家”四个字。包容的智慧，纯良的品性，正是普通的百姓人家。

漫天飞雪伴随着时节飘扬而来，等候已久的火锅隆重登场了。如果问大雪天最适合吃什么，火锅几乎是所有人的回答。火锅的食材丰富，每个人都可以选择自己喜爱的食物放进锅里涮煮，佐以美味蘸料。在寒冷的冬日里，既可以驱寒取暖，同时又能够滋补身体。亲友们围坐在一起，热气鼎沸，弥漫着人世间的暖情。《抚婴图》画的是两个母亲带着自己的孩子正在享受着火锅的美味。孩子穿着红肚兜，站在桌子旁大一点的孩子拿起一个点着红点儿的馒头，笑着递给对面被母亲抱在怀里的小儿，一个高兴地伸手递，一个开心地伸手拿，为画面增添了平衡的动感。作品中的两位仕女面容娇美，服饰极为华丽，垂下的发髻珠翠闪耀，身上的云肩更显华贵，绣上去的花朵和祥云图案平整精致，尽显服装美学的气韵。房间的装饰奢华，隔扇门雕刻精美，寓意吉祥，沉淀着传统美学，不仅具有装饰性和实用性，更体现了古人纹必有意、意必吉祥的审美哲学。

年画《吃喝发财》让人心情愉快。娃娃系着肚兜，坐靠装着元宝的“金银满囤”。他左手端着碗，右手用筷子从面前热气腾腾的火锅中夹起一个丸子，享受着美味，那满足的小模样十分有趣。“吃喝发财”是人们对美好生活最直白最朴素的愿望。

晶莹的雪花缤纷飞舞，天地间归复到最单一的本色。瑞雪涤清了人们的内心和情志，于灵魂深处轻轻地叩问。在我们的心中，雪是平淡简朴中雄浑万古的力量。一切的热烈、寂静随着冰雪消融将呈现出一个温暖、崭新的世界。

吃喝发财
Eating, Drinking and Fortune's Coming

大雪手记

冬至 · 日影长之至

冬至，又名“一阳生”，俗称“冬节”“长至节”“亚岁”等，两千五百多年前的春秋时期就已经测定出了冬至，它是二十四节气中最早制定出的节气之一。冬至既是一个非常重要的节气，又是一个历史悠久的传统节日。长至指的是在这一天里日影最长，亚岁指的是这个节日的重要性仅次于农历春节。“至”有极、最的含义，冬至日是北半球白昼最短、夜晚最长的一天，自此开始进入一年中最冷的“数九寒天”。

冬至意味着“进九”，漫长的冬日是人们消闲的好时节。诸多消遣的方式里以“九九消寒图”最为著名，一幅双钩描红书法“亭前垂柳珍重待春风”均为繁体字，九个字，每字九个笔划，共八十一划。从冬至开始每天按照笔画顺序填充一笔，每过一九填充好一个字，称为“字图”，待到完成之时正是来年春暖花开的春分时节。这，是中国人特有的浪漫。

三字经九九图

Counting Nine Picture with the Three Character Classic

《三字经九九图》描绘的是寒冬里的热烈。清代一位杰出青年殿试及第，他笑吟吟地回到家中，在众人的瞩目下，两袖搭膝，以正式的礼仪参拜父母，接受敕封。他的父亲身材高大，身上的官服让他显得不怒自威。母亲身穿诰命服饰，雍容华贵。图中所附“三字经九九消寒图歌”并非《三字经》的形式，而是以“佳人”口吻所作的劝学夫君、勤勉进取的九首歌曲小调。九段小调之间，印有九枚铜钱，名为“古钱消寒”。冬至后，人们按天气的阴晴风雪等不同变化，用笔点染铜钱，最终得出具体的气候，以供农耕参考。作品表现了年轻人勤学奋进得以成功出仕，光耀门楣。家国天下，世代簪缨是家族的荣耀，更是对国家负有的责任。

洪洋洞

Hongyang Cave

“九九消寒图”多种多样，这幅《洪洋洞》九九消寒之图是以三出娃娃戏为表现形式，活泼有趣。《洪羊洞》《南阳关》和《破红州》三出戏名正好凑成九九八十一划笔画，对应九九消寒之数。为了规整凑数，因此“羊”用“洋”、“州”用“洲”。图中每个娃娃的形态神色都不相同，各自演绎着剧中的故事。画面色彩明亮鲜艳，和这些娃娃有着一样清新的气息。

在古代，冬至日天子祭祀，百官放假。明清两代的皇帝在这一天要亲临北京天坛公园的圜坛祭天。民间有冬至大如年的说法，这一天除了祭祖还有祭孔子拜尊师的习惯。孔子，名丘，字仲尼，春秋末期鲁国人，中国古代著名的思想家、教育家，儒家学派创始人，被后世尊为“至圣先师”。他提倡的“学而不思则罔，思而不学则殆”至今仍然是我们所秉承的学习与思考的精神。天、地、君、亲、师，是中国儒家祭祀的精髓。从东汉至民国时期，各地书院、私塾尤其重视此节。冬至日，学生会向老师行礼并宴请老师，是我国最早的教师节。

《孔子落凡》带有神话的色彩，为孔子的出生蒙上了一层神秘的色彩。床榻上孔子的母亲颜氏抱着刚刚降生的儿子，床前的侍女捧着茶碗静立在一旁。祥云之上，阵阵仙乐，美丽的仙女正在吹笙。孔子的父亲叔梁纥在回家

孔子落凡
The Birth of Confucius

孔夫子游列国
Confucius Travelling Around the Countries

途中，听到这美妙的音律，不由停下了脚步，侧耳倾听。他微微转身的方向有一只麒麟口吐玉书，麒麟是上古仁兽，象征吉祥，代表有旺文的圣人出世。作品表现的是孔子降生时的种种吉兆，取材于长篇历史演义小说《东周列国志》。

相传孔子周游列国时，途经一地，看见一群儿童在做垒土围城的游戏，阻隔了道路。其中一小孩子名叫项橐，只有七岁，说出“当车避于城，不当城避于车”为难孔子。孔子和他辩论后深感后生可畏，于是拜他为师。《孔夫子游列国》描绘的正是这一场景。孔子行车不能通过，双手作揖，与项橐论理。孔子身边抬手站立的人是以果敢和诚信著称的弟子子路，他对眼前的一幕似乎也无能为力。这个故事寓意深长，不仅展示了小孩的聪明才智，更反映了古代对于城市安全和社会秩序的重视，表达了在凛然不可侵犯的情况下绝对不能妥协的原则。

夏尽秋分日，春生冬至时。华夏文脉生生不息，文化的传承与创新是民族的未来和希望。每一个汉字每一句成语都充满山河的气息，日月星辰是先贤的凝视，久久光照着神州大地。

冬至手记

小寒·气冷寒尚小

小寒的到来意味着进入了一年中最冷的“三九天”，天气渐寒，尚未大冷，故为小寒。白日隐寒树，野色笼寒雾，处处弥漫着迫人的寒气。此时旧岁近暮，新岁即将登场，自然界的生命力微微显现。

天气的严寒紧致了大自然的风姿，山低林暗，云归深处，大地一片寂然。呼啸而来的西北风划破夜晚，漫天大雪飘扬而来。风停雪住，明亮的晨曦中，冬日的信使梅花骄傲地开放了。此时正在农历的腊月，因此梅花也称“腊梅”，它与松、竹并称“岁寒三友”。“香中别有韵，清极不知寒。逆风如解意，

踏雪寻梅

Searching for Plum Blossoms in the Snow

谢庭咏絮

Xie Daoyun's Ode on the Catkins

容易莫摧残。”梅花的品格遗世独立，孤洁自赏，于世间是存在，更是姿态。唐代诗人孟浩然性情旷达洒脱，喜爱踏雪寻梅。他曾说自己的创作灵感往往是在风雪中骑驴经过灞桥时产生的。

小寒初渡梅花岭，万壑千岩背人境。这幅作品画面清亮，皑皑白雪中的枝头几处嫣红，一抹惊艳使得寒日生机乍现。神色怡然的老者骑驴踏雪，身后的两个小书童一个背着酒葫芦，一个背着两函书，行走在山间雪地中。岁月悠长，但有诗酒相伴，画里仿佛飘出了《踏雪寻梅》的歌声：“雪霁天晴朗，腊梅处处香，骑驴灞桥过，铃儿响叮当。好花采得瓶供养，伴我书声琴韵，共度好时光。”

《谢庭咏絮》描述的是才女谢道韫年少时的故事，典故出自《世说新语》。谢道韫，字令姜，是东晋时期的女诗人，出身于陈郡谢氏。谢家一族芝兰玉树，成就卓然，她的叔父正是东晋杰出的政治家谢安。谢道韫自幼聪颖灵慧,极受叔父的喜爱。她不仅在文学上有很高的造诣，而且性格刚毅果敢，曾经面对强敌，杀退数人，展现了世家女子的不屈和坚韧。寒日里的冬雪漫天而来,谢安和子侄们围坐交谈，他望着窗外欣然问道“白雪纷纷何所似？”侄子略想了一下说“撒盐空中差可拟”，而年方八岁的谢道韫却随口说出“未若柳絮因风起”，谢安非常高兴，盛赞侄女文思敏捷。柳絮轻盈,随风起舞,以此形容飞雪更增加了雪花轻灵飘逸的感觉。世人以“咏絮才”形容文采斐然的女子，在后世文

二顾茅庐

The Second Visit to the Hut

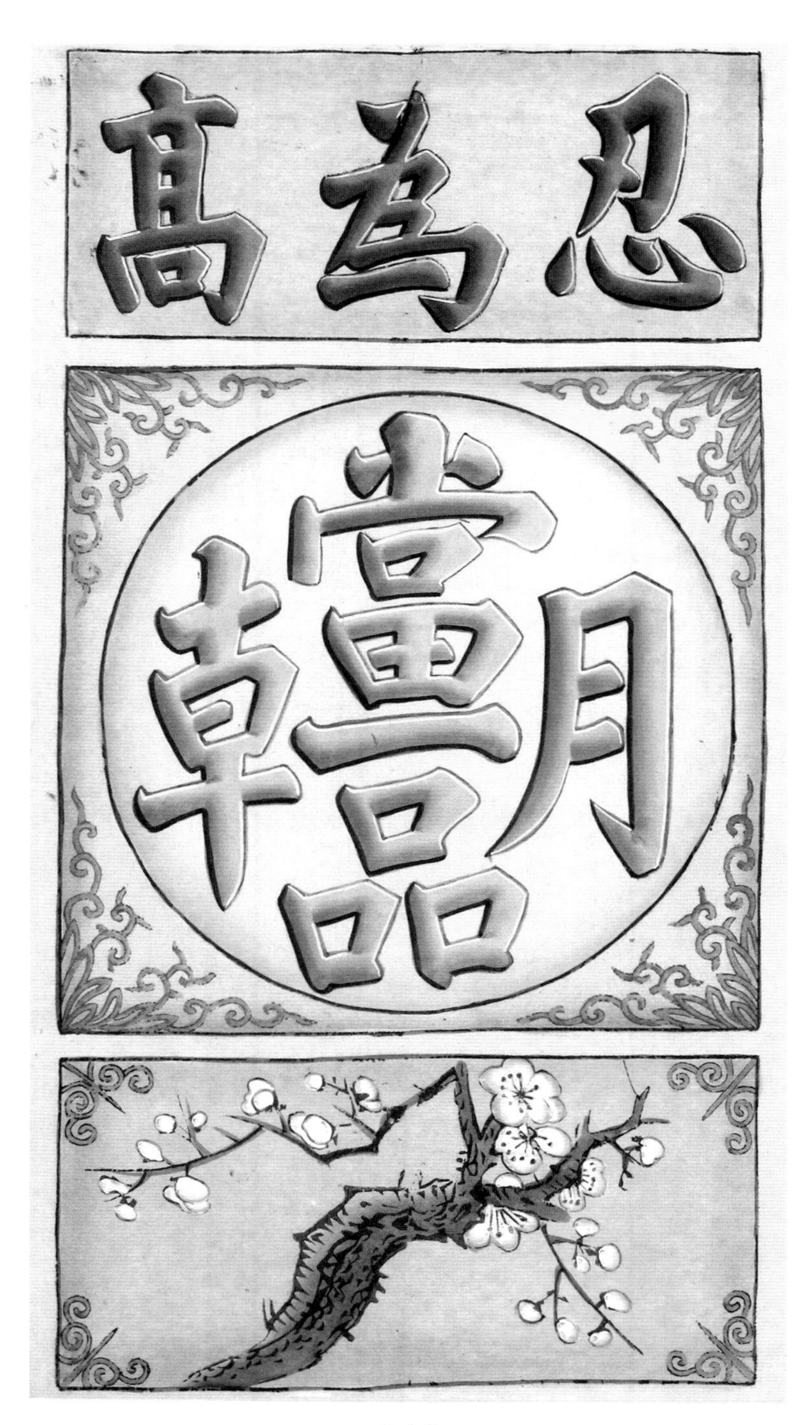

忍为高

The Virtue of Forbearance

学中有着广泛的运用。《红楼梦》中金陵十二钗的判词，其中“堪怜咏絮才”指的就是林黛玉。东晋主张精神上的极度自由，追求智慧的丰富，是一个既奢靡颓乱又浓烈热情的时代，晋人之美和他们的旷达风雅是“晋尚韵”的具体人文体现。这幅作品画面阔大而精美，古朴典雅，溢彩流光，极为壮观。建筑群纵横交错又彼此相连，庭院深深，葳蕤生香，见证了士族门阀之家的无限风华。

小寒时节天寒地冻，几场大雪到来，为日常出行增添了诸多不便，更加考验人们的勇气和耐力。《二顾茅庐》描绘了刘备第二次挚诚拜访诸葛亮的故事。东汉末年，群雄并起，汉室宗亲刘备深信“卧龙凤雏得一可安天下”，于是与结拜兄弟关羽、张飞前往草堂请求孔明先生出山襄助自己，共图大业。诸葛亮为了试其诚意，两次托辞不见，惹得关、张二人十分不悦，认为“诸葛亮有虚名而无实学，故避而不敢见”。画面中风雪已停，一行人牵着马过了小桥，来到草庐前，刘备询问着门前扫雪的童子，被告知先生正在午睡，然而，画中的孔明正在榻上悠闲地读书。对面的牧童和他的牛儿新奇地看着这一切，不知道发生了什么。有趣的是画中还给出了诸葛亮的岳父黄承彦的形象，“骑驴过小桥，独叹梅花瘦”。刘备前往草堂途中遇到他骑驴吟诗，以为是孔明本尊，心中大喜继而又失落不已。至于是不是巧遇，恐怕只有翁婿二人才知道吧！

雪融无踪迹，梅花耐岁寒。以梅花的品格为精神是人们千百年来不变的追求。作品《忍为高》构思朴实简洁，文字和图画一上一下合理对应，一目了然。最为重要的是当中组合在一起的“当朝一品”，意在强调越是身在高位的人越应该具有超凡的胸襟和耐力，正所谓“大人有大量，宰相肚里能撑船”。

小寒信风起，游子思乡归。劲烈的朔风催促着冬日渐尽的步伐，岁末时节亦有了新生的景象。看放重重迭迭山，正在有情无思间。

小寒手记

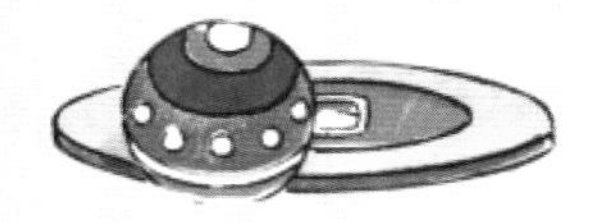

大寒·寒气之逆极

大寒，顾名思义是寒冷到达极致的时期，时常会有大风降温天气，地面积雪不化，呈现出冰天雪地的严寒景象。“寒气之逆极，故谓大寒”。物极必反，大寒节气到来的那一刻也就意味着一年中最寒冷的日子已经过去，此时的天地寒意深邃却是凛冬最后的威严。万千冬藏一春柔，日淡云寒，雪暖晴天，春在不远处款款而来。

年画《发财还家过新年》描绘了人们开始忙碌准备迎接农历新年的热闹。对于外出谋生者来说，这是他们心中最期盼的时刻，无论多么辛劳，始终有个信念在支撑，那就是“回家过年”。满怀着强烈的愿望和热切的期盼，终

发财还家过新年
Successful Homecomings

灶君之位

Kitchen God

于在年终岁末时满载收获，回到了家里。图中是一个三代同堂的大家庭，正在喜气洋洋地迎接即将到来的新年。家中的两位长者身有官职，其中一位带着儿子恭敬地祭祀祖先，供桌上摆满的烛台、供品显示出被荫及的后世子孙最崇高的敬意。庭院中欢声笑语，另一位老者微笑接受子侄们的问候，一旁的孙女牵着母亲的手，侧脸看向台阶上和她年纪相仿的男孩，两人是一样的服色，充满生机，十分可爱。厨房里的家中主妇端着马上就要下入锅中的饺子，这小巧的食物是实实在在的圆满。院中最引人注目的是推进来的一辆独轮小车，车上满载财宝，看呆了旁边捧着发财树的青年。这个时候，门外突然跑进来的人，恰巧手上也举着一颗发财树，这样的绘画构思和处理不是简单的重叠，既遵循了近大远小的透视原理，又寓意财源不断，聚少成多。房顶中的白猫，高墙上的公鸡，圈栏旁的肥猪，院中间的小狗，所有的一切预示了来年家宅康宁、六畜兴旺。

民间以腊月二十三为“小年”，有祭灶的风俗。《天津志略》详细描述了当时的情景：“二十三日，祭灶，供以糖饼、糖瓜、黏糕、胡桃等品，又备草料、凉水，谓用以秣灶君之马。祭时，必使炉火炽盛，以糖饼置炉口，亦有缘而涂之者。灶君朝天，白人间善恶于玉帝，以行赏罚，置糖炉口，则口粘，不复能语。”日日当值的灶君谨慎记录着每户人家的日常言行，这位被敕封为“九天东厨司命灶王府君”的神祇要在小年这一天来到天宫述职，向玉帝禀明凡间百姓家宅里的一切善恶，便于赏罚分明。“二十三，糖瓜粘”，人们在灶台炉口放置各种黏甜的食物，意在甜灶王爷的嘴，拜托他“上天言好事，下界保平安”。

杨柳青年画《灶君之位》是一幅重要的作品，创作于清朝光绪年间。作品人物清晰，色彩浓艳，透着淡淡的古旧气息。图中的灶神夫妇头戴顶璎珞冠，容貌庄重，笑容温暖，俨然是家中的尊长，慈爱地关照着每一个人。更有仙人童子、各路神君充满其中，香案上摆放的宝盆、香烛是最虔诚的祝祷，热闹拥挤的画面透露了普通老百姓那平常朴素的小贪心——祈求所有的神灵

瑞雪丰年
Auspicious Snow Promises a Good Harvest

共同保佑家人健康喜乐，平安如意。

过了小年就是年，随着“年”的脚步越来越近，家家户户除旧迎新的忙碌也进入了尾声。此时还有一件非常重要的事需要完成，那就是“贴年红”，也就是张贴春联、门神、年画、福字、窗花等。在传统文化中，“年”是一只凶猛的怪兽，会在每年的除夕夜来到人间，红色趋吉避凶，震慑它的同时也充满了喜庆元素，为农历新年增添了节日气氛，寄予了人们对新的一年美好生活的热烈期盼。自此，春节正式拉开了序幕。《瑞雪丰年》里，厚厚的积雪覆盖着大地，郊外的河水结着坚硬光滑的冰层。一户人家全员出动，正在大门前张贴年红。男子踩在凳子上贴好春联扭身询问孩子的意见，一位商人手里的年画吸引了这家婆媳的兴趣，小桥对面的邻居闻声而来，不一会儿又会是一笔愉快的买卖。远处的少年们开心地放着风筝，他们是未来，是希望，如同这严寒时节的冰层下汩汩涌动的春水。

这是一年中充满了吉祥喜庆的时节，处处吉言善语，《新年吉庆 大发财源》呈现出清朝末年京津一带官宦人家迎接新年的忙碌景象。官宅内阔大的厅堂彩灯高悬，更有两盏明亮的电灯将整间房屋照得流光溢彩。时下中门大开，高筑的院墙下，长长的甬路笔直伸延，尽显高门气派。门边有兄弟二人在张贴年红，站在凳子上的青年一只手掀起袍子，好让自己站立得更稳，另外一只手伸向少年递给他的春联，细节处刻画得非常传神。厅旁的院落花木繁茂，两只大鹅曲项高歌，妇女们忙着准备年夜饭，门外的家仆挑来一篮鲜鱼，象征新年吉庆有鱼（余），他被热闹吸引，放下挑担隔窗观望。窗下一个年轻人认真地为纸联刷着米浆，厅堂上全家老幼欢笑齐聚，妇女孩子衣衫鲜亮，笑语盈盈。门前的两个中年人一位身穿官服牵着幼子，一位手托烟袋豪气十足；身边的小儿蹒跚学步，手里举着红色的春联，寓意家族子嗣繁茂，富贵双全。身为一家之长的老夫妇盛装端坐一旁看着满堂儿孙，十分欣慰。

新年吉庆　大发财源

Happy New Year and Great Wealth

在家家户户紧张忙碌的气氛中，新春佳节如约到来。《新年多吉庆 合家乐安然》将一幅盛大的阖家欢乐场景呈现在我们面前。画面以长图展开，包含左、中、右三个部分，人物众多，热闹非凡。左图中外面的孩子们在放鞭炮，厨房里主妇烧着水等待围坐在一起的家人包好的饺子下锅。神龛、供品摆放整齐，有趣的是恰好在供桌旁，一个小孩跪下磕头向长辈拜年，应时应景，更显得恭敬虔诚。中图的人家同样喜庆欢乐，精美的窗花下，妇女们忙着包饺子、煮饺子，孩子们也兴奋地一起参与。男人们相互作揖拜年，一个气派的中年人看着家中丰盛的食材物品，悠闲地抽着旱烟，露出满意的微笑。耄耋之年的老人总是和咿呀学语的幼儿相伴出现，生命的轮回如此奇妙！门外的两人提着铜壶，端着铜锅，神情得意，笑容满面。肥猪拱门，连年有鱼（余），

新年多吉庆　合家乐安然

A Joyful Family in An Auspicious New Year

来年又是美好的年景。右图的一家人有着自己的忙碌和欢乐，厨房中的第一锅饺子即将登场，担水的男子经过门前未作停留，他担负着煮饺子的辅助工作。饺子，交子，交在子时，这是年夜饭里最重要、大家最期待的食物。上了年纪的妇人带着孩子围坐桌旁闲话家常，等待着团圆饭。年轻的媳妇们手里包着饺子，眼睛却被一旁欢乐的场景吸引。一个女孩子手里拿着一只红色的彩纸蝙蝠，姿态娇美，她身旁的少年端正持重，怀中一柄红珊瑚熠熠生辉。最引人注目的是绿衣小儿牵着的一只鹿，鹿的身上驮着满满的财宝，闪耀着璀璨的光芒，与他年纪相仿的粉衣小儿正恭敬地向长辈磕头拜年。福（蝙蝠）禄（鹿）迎春，珊瑚吉祥，桌上红烛高照，室内彩灯高悬，白须长髯的老翁静静地感受着这一切，在他看来，这是生活对他努力辛劳的回馈，更是生命

新春

New Spring

传承的意义。

新春佳节，阖家欢乐，《新春》的一家人享受着一年中最为团圆喜乐的幸福时光。正房大厅华丽辉煌，两侧高高挂起一对“新春”字样的精美宫灯，“松菊延年”的中堂画清晰可见，两边墙上各有象征富贵平安的六条画屏，表明了并非是一般的富贵人家。画面正中的夫妇两人，丈夫正在准备祭祀的贡品，丰盛的供桌盛放着对祖先神灵满满的心意。妻子恭敬侍立在婆婆的身旁。长辈们坐在两旁悠闲地吸着长长的烟袋，看着晚辈们欢笑喧闹。向长辈拜年是郑重的礼仪，无关老幼，不仅小孩子虔诚下拜，做了官的成年人依然要恭敬地向年长的同辈拱手行礼。东、西耳房里年轻媳妇儿们玩着纸牌，两处分别题有“读未见书斋”和“大块文章”的匾额，“读未见书，如得良友”是指读到从未见到过的书，就像遇到了良师益友一样令人高兴。而“大块文章”出自李白“阳春召我以烟景，大块假我以文章”，意指绚丽的文采，可见主人对诗书传家的殷切期望。

火树银花不夜天，随着子时的来临，除夕的年味也到达了高潮。《大街迎淑气 一声振春雷》是杨柳青年画里喜庆年俗题材的画面。临街的小院中，一家人欢乐过年，这是百姓心目中典型的小康之家，父母慈爱，儿女双全。幼弟提着莲花灯跟在长兄身边放鞭炮，女儿依偎在母亲怀里，高举火红的鲤鱼花灯，寓意红红火火，连年有余。炮竹响声激烈，母亲温柔地捂住孩子的耳朵。身后的居室装饰讲究，楹柱上悬挂着一盏西式洋油灯，内室正中则是传统、华美的蜡烛灯笼。室外的平台围栏是西式造型，很有中西合璧的意味。鞭炮声对应的是标题中“振春雷”，“淑气”指的是天地间的神灵之气。画中洋

大街迎淑气　一声振春雷

Auspicious Sign and Spring Thunder

过新年放鞭炮
Setting off Firecrackers on Spring Festival

福
福
福
福
福
福

喜迎春
Joyfully Welcoming Spring's Return

溢着新春的喜悦之情，璀璨的烟花在夜空里极致绽放，预示来年生活富足，平安如意。

“爆竹声中一岁除，春风送暖入屠苏”，放鞭炮是中华民族的传统节日习俗。鞭炮最早称为“爆竹”，因燃竹而爆，发出噼噼啪啪的响声而得名。《过新年放鞭炮》画中的除夕之夜，孩子们燃放鞭炮，庆祝新的一年到来。长辈焚香上供,感谢祖先庇佑。檐下随风飘动的像一面面小小旗子的东西是吊钱儿，它是一种镂有图案、文字的刻纸，过年时装饰在窗户、门楣等地方，寓意避邪迎吉，财源不断。贴吊钱儿是一种独特的年俗文化，增添了节日的喜庆气氛。精致的福字仿佛是祖先郑重的承诺，让全家人在新的一年里身体康健，平安顺遂。

新年到，乐淘淘，孩子们是节日的主角。这幅年画作品《喜迎春》不知道会令多少人回忆起自己的孩提时代。图中精致的庭院一角腊梅飘香，阶下竖立着一只红色炮仗，三个淘气的孩子正要点燃它。最大胆的男孩俯下身来小心翼翼地伸出手中带着火苗的小竹棍儿，一旁的女孩子不由自主地弯下腰来观看，同时不忘用手捂住耳朵，娇憨可爱。他身后的男孩儿显得有些胆怯，用暖帽紧紧地盖住耳朵，既有些害怕又忍不住想要凑上前去，那纠结又兴奋的小表情实在有趣。孩子是新鲜的生命，是新鲜的希望，是文明的传承与发展，永远散发着芬芳。

寒终岁暮尽，春来万物生。时节的轮转带给世间物茂风华。日有熹，月有光，富且昌，寿而康。节气体现了天人合一、和谐有序的文化内涵，在传统的意义上赋予了新的含义。喜庆团圆的日子里，祈愿新春嘉平，长乐未央！

后记

我的幼儿时光是在天津的外祖家度过的，我看到的人生第一张画就是贴在衣柜内侧的一张杨柳青年画，她是我的色彩启蒙，那鲜艳的颜色至今仍然刻在我记忆的最深处。时隔近半个世纪，缘分的奇妙让我有机会来到杨柳青画社，详尽参观了天津杨柳青木版年画博物馆，让我深入走进了她的世界。杨柳青年画形成于宋代，盛行于明清。她的色彩明亮醇厚，笔触精巧细腻，无论衣饰的填色还是脸部的晕染，都极为考验绘画技巧。杨柳青年画的老艺人有句创作口诀："一、画中要有戏，百看才不腻；二、出口要吉利，才能合人意；三、人品要俊秀，能得人欢喜。"看着年轻的画师们敛神静气，小心翼翼地刻画着每一个细微之处，我内心震动，他们真挚的热爱和饱满的热情让这项优秀的传统工艺得以传承，同时也赋予了杨柳青年画以新的生命。在写作中，我有时会感到疲累，是时常浮现的他们的身影鼓舞着我，使我不能忽略任何一个细节。

二十四节气是对天文气象变化的经验总结，指导人们因时而动、生息劳作。杨柳青年画是写意、写实的民间美术，贯穿了全年的生产生活和民俗风情，它与节气时令完美融合，将中华民族优秀传统文化之美充分展现。华夏文艺温柔敦厚，宽而静、柔而正，山川草木，风来月度，四时变化，人情风物，无一不是心领神会。有质感的作品都有自己的生命场，中国的，西方的，民族的，故乡的，美美与共。凛秋暑退，熙春寒往，这是一场中国人的时间清欢。人民多喜乐，国家长安宁。在此衷心感谢书名翻译周薇女士和序言翻译李晓洁先生！特别感谢天津古籍出版社唐舰老师给予我创作过程中的大力支持和指导帮助！

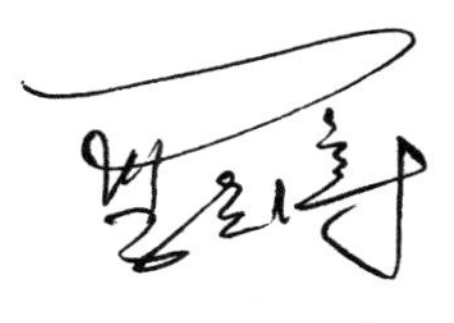

2024 年 10 月